U0199809

国家现代农业（蜂）产业技术体系研究成果
中国养蜂学会全国蜂产品推广普及科技读物

蜜蜂的礼物

——蜂产品养生保健大全

张中印　吴黎明　吴利民　编著

科学出版社

北京

内 容 简 介

21世纪是人类追求健康和长寿的时代，作为来源广泛、效果确切显著的蜜蜂产品，是人们实现健康长寿的重要补益佳品。本书采用通俗的语言和精美的图片，全面、客观地诠释了蜜蜂的奇妙世界及七大类蜜蜂产品的来源、生产、性质、用途、用法、质量安全等公众关心的问题。

全书图文优美、印刷精良，以问答的形式直击人们关注的焦点，再现科技之美。

本书可供普通读者、蜂产业从业人员阅读、参考。

图书在版编目（CIP）数据

蜜蜂的礼物：蜂产品养生保健大全/张中印，吴黎明，吴利民编著 . —北京：科学出版社，2018.2

ISBN 978-7-03-056538-9

I.①蜜… Ⅱ.①张… ②吴… ③吴… Ⅲ.①蜂产品-食物养生 Ⅳ.①S896 ②R247.1

中国版本图书馆CIP数据核字（2018）第025947号

责任编辑：刘　畅／责任校对：郑金红
责任印制：张　伟／封面设计：铭轩堂

科学出版社 出版
北京东黄城根北街16号
邮政编码：100717
http://www.sciencep.com

北京建宏印刷有限公司 印刷
科学出版社发行　各地新华书店经销

*

2018年2月第 一 版　开本：880×1230　1/32
2023年1月第五次印刷　印张：6 1/2
字数：202 000

定价：39.80元

（如有印装质量问题，我社负责调换）

写给读者的悄悄话

前　言

蜜蜂作为人类的朋友，在"长相厮守"中，赠予了人类多种精美的"礼物"。

蜂巢，一座建筑学典范，既是一座生物化工厂，又是一个丰富的医药宝库。在这里，蜜蜂将花蜜酿成蜂蜜，用蜂蜜和花粉制造蜂粮，年轻的工蜂分泌出营养丰富的蜂王浆。蜂蜜、蜂花粉和蜂王浆是完美的天然营养保健食品；蜂胶为具有多种疗效的药物，对免疫力低下、糖尿病并发症等有良好效果；蜂毒则是治疗关节炎和高血压的良药；蜜蜂的幼虫和蛹也是美味佳肴。养蜂人与蜂为伍，以场为家，风餐露宿，反而少生病又多长寿。正是这些"礼物"，带给了人们甜蜜与健康。

自 3000 年前甲骨文中有蜜和蜂的文字记载以来，蜜蜂及其产品就与人类生产和健康密切相关，并因此走进千家万户。然而，目前蜂产品市场存在鱼目混珠、残毒超标、虚假宣传和肆意掺杂等问题，扭曲了蜂产品价值和形象。为明确蜂产品的保健、医疗价值，恢复其价值真谛，以正视听，并响应国家《中华人民共和国食品安全法》和科技部等六部委《"十三五"健康产业科技创新专项规划》实施，编者总结了"国家现代农业（蜂）产业技术体系建设专项"、"优质蜂产品安全生产加工及质量控制技术"和"蜜蜂健康高效养

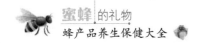

殖与蜂产品深加工技术创新与应用"等研究成果，结合二十余年来蜂产品推广应用和科普培训实际，参考古今中外权威书刊和专业网站的资料，经过仔细遴选和认真归纳，用精练的文字和生动的图片，将蜂产品的来源、成分、性质、用途、工艺流程、选购方法和质量安全等人们关心的问题，汇编成本书。本书以问答的形式，展现了这些常见的蜂产品问题，贴近生活，喜闻乐见，内容翔实，例证确切，供读者在日常食用、养生保健时参考。

本书承蒙国家现代农业蜂产业技术体系首席科学家暨中国养蜂学会理事长吴杰研究员的具体指导，国际蜂疗保健和蜂针研究会主席房柱主任医师（教授）主审，科学出版社刘畅精心编辑。在此谨向以上单位、个人，以及对参考过的有关资料和被引用国内外网站精彩图片的作者，致以衷心的感谢。

限于编者学识水平和实践经验，书中错误和欠妥之处在所难免，恳请读者随时批评指正，以便今后修改、增删，使之日臻完善。

编著者

2017 年 11 月

这里总有**你**关心的**话题**

目　　录

第 *1* 章
蜜蜂帝国的奥秘

　　蜜蜂很聪明，它们过着群居生活，具有严密的社会组织，彼此之间分工协作，共同完成修筑巢穴、采集食物、酿造蜂粮、守卫家园和繁衍后代等工作。它们依靠集体抵御严寒、挑战炎夏，它们甚至会采取"计划生育"减少虫口来度过饥荒。它们能歌善舞，热爱生活，为自己、为人类默默地做贡献……我们感谢蜜蜂带来的甜蜜和果实……

图 1-1　生活在蜂箱中的蜂群

1. 什么是蜜蜂？

　　蜜蜂是一种为人类制造甜蜜的社会性昆虫，也是人类饲养的小型经济动物，它们以群（箱、桶、笼、窝、窖）为单位过着社会性生活（图 1-1）。

2. 蜜蜂啥模样？

　　蜜蜂是完全变态昆虫，一生经过卵、幼虫、蛹和成虫四个不同的发育阶段，其形貌和生活各不相同（图 1-2）。蜜蜂的卵、幼虫和蛹在蜂巢中成长，通常不能被人发现；我们平时看到的是工蜂成虫。

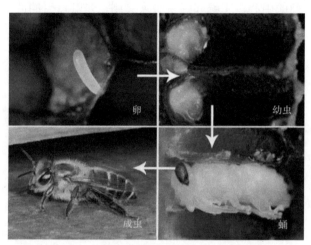

图 1-2　蜜蜂个体生长发育的四个虫态

　　蜜蜂的卵乳为白色，略透明；呈香蕉状，两端钝圆，一端稍粗是头部，朝向房口，另一端稍细是腹末，附着在巢房底部。卵成熟孵化出幼虫。

　　蜜蜂的幼虫初为淡青色，不具足，平卧房底，漂浮在蜂乳饲料上；随着生长，由新月形渐成 C 形，再呈环状，白色晶亮，后长大挺直，有一个小头和具 13 个分节的体躯，头外尾里朝向房口发展。幼虫成熟化蛹，由工蜂泌蜡提前将其巢房口封闭。

　　蜜蜂的蛹不取食，组织和器官继续分化和改造，逐渐形成成虫的形状和各种器官。蛹成熟后羽化出房（生）即为成虫。

　　蜜蜂的成虫由头、胸、腹三部分组成，体表是一层几丁质外骨骼，构成体形，外骨骼表面密被绒毛（图 1-3）。蜜蜂的头部是感觉和摄食的中心，表面着生眼、触角和口器；头和胸由一细而富有弹性的膜质颈相连，胸部是蜜蜂运动的中心，长着会飞翔的翅膀和能爬行的腿脚；胸和腹由一细腰接合，腹部由一组环节组成，是内脏活动和生殖的中心，工蜂和蜂王腹末具刺，是其自卫的武器。

图 1-3　工蜂外部形态

🐝 3. 蜜蜂吃什么？

蜜蜂专以蜂蜜和蜂粮为食（图 1-4）。蜂蜜、蜂粮分别由来自蜜源植物的花蜜和花粉转化形成。蜂蜜为蜜蜂生命活动提供能量，蜂粮为蜜蜂生长发育提供蛋白质。另外，蜂乳（蜂王浆）是蜜蜂幼虫和蜂王必不可少的食物。水为蜜蜂生命活动提供物质基础。虽然蜂胶不是

图 1-4　发亮的液体是蜂蜜，暗黄的固体是蜂粮

蜜蜂的食物，但是，西方蜜蜂却利用它来抑制微生物，而东方蜜蜂并不采蜂胶。

4. 蜜蜂家庭有哪些成员？

蜂群是蜜蜂个体生命以蜂巢为载体，结成相互依存的完整的生命群体，正常寿命"万岁、万万岁"。一个蜂群就是一个家庭，通常由1只蜂王、数百只雄蜂和数千只乃至数万只工蜂组成（图1-5），为蜜蜂自然生活和蜂场饲养管理的基本单位。

蜂王　　　　　　　　雄蜂　　　　　　　　工蜂

图1-5　蜜蜂的一家（引自 www.dkimages.com）

蜂王是由受精卵发育形成的生殖器官完整的雌性蜂，具二倍染色体，在蜂群中专司产卵，作为"一群之母"，蜂群中的所有蜜蜂都是它的儿女。它个体最大，苗条细长，是蜜蜂种性的载体，以其分泌蜂王物质的多少和产卵数量的大小来控制蜂群活动。

工蜂是由受精卵发育而来的生殖器官不完全的雌性蜂，具二倍染色体，在蜂群中专司劳动，通常不能生儿育女。它个体小巧玲珑，数量最多，成员可达5万~6万名。作为"劳动者"，担负着蜂群中的所有工作，比如采蜜造粮、哺乳、御敌等，它们个个忠于职守，勤劳尽责，鞠躬尽瘁，死而后已。

雄蜂是由未受精卵发育得到的雄性蜂，具单倍染色体，在蜂群中专司繁殖（交配）。它个体粗壮威武，承载着母亲（蜂王）的遗

传特性。作为雄性"公民"，平时除追赶处女蜂王寻找爱情外，还有平衡蜂群中性比关系的作用，但雄蜂与处女蜂王的至爱却付出了它的生命，在甜蜜中步入天堂；而得不到爱情的雄蜂，则飞往蜜蜂王国休闲旅游，并接受工蜂的安慰，在秋末则被赶出家门，了却一生。

蜜蜂个体间的纽带与亲疏：蜂王产卵繁衍后代，没有蜂王，蜂群就会消亡；蜂王不哺育儿女，不采集食物，脱离了工蜂，它就无法生存。工蜂劳动，但不传宗接代。没有雄蜂，处女蜂王就无法交配，蜂群生命也无法延续；雄蜂不能自食其力，如果脱离蜂群就会饿死。因此，蜂群是一个集体生命体，三型蜜蜂相互依存，彼此分工协作，共同完成生命延续活动。

蜂群中所有的雄蜂都是亲兄弟，它们继承了蜂王的遗传特性。由于蜂王在婚飞时需要与多只雄蜂交配，所以，蜂群中的工蜂既有同母同父姐妹，又有同母异父姐妹，它们分别继承了蜂王与各自父亲的遗传特性。

5. 蜜蜂家族有哪些分支？

蜜蜂在分类学上属于节肢动物门昆虫纲膜翅目蜜蜂科蜜蜂属。属下有9个种（表1-1），根据进化程度和酶谱分析表明，西方蜜蜂最为高级，东方蜜蜂次之，黑小蜜蜂最低等。

表1-1 蜜蜂属下的9个种

种名	拉丁名	命名人	命名时间/年
西方蜜蜂	*Apis mellifera*	Linnaeus	1758
小蜜蜂	*A. florea*	Fabricius	1787

续表

种名	拉丁名	命名人	命名时间/年
大蜜蜂	*A. dorsata*	Fabricius	1793
东方蜜蜂	*A. cerana*	Fabricius	1793
黑小蜜蜂	*A. andreniformis*	Smith	1858
黑大蜜蜂	*A. laboriosa*	Smith	1871
沙巴蜂	*A. koschevnikovi*	Buttel-Reepeen	1906
绿努蜂	*A.nulunsis*	Tingek，Koeniger's	1998
苏拉威西蜂	*A.nigrocincta*	Smith	1871

东西方蜜蜂：东方蜜蜂和西方蜜蜂是人类饲养的主要蜂种。东方蜜蜂分布于亚洲，主要包括中华蜜蜂（图 1-6）、日本蜜蜂、印度蜜蜂等亚种。西方蜜蜂起源于欧洲，分布在全球人类居住区，主要亚种有意大利蜂（图 1-7）、卡尼鄂拉蜂、高加索蜂、欧洲黑蜂等，另外，我国还有东北黑蜂、新疆黑蜂和浙江浆蜂地理品系。

图 1-6　中华蜜蜂　　　　图 1-7　意大利蜂

6. 野生蜜蜂有哪些种群？

除东方蜜蜂和西方蜜蜂外，其他都是野生种群。沙巴蜂多数野生，少数使用椰筒饲养，工蜂体略红色，分布于加里曼丹岛和斯里兰卡。小蜜蜂、黑小蜜蜂、大蜜蜂（图1-8）和黑大蜜蜂（图1-9）都处于野生状态，是宝贵的蜂种资源，除被人类猎取一定数量的蜂蜜和蜂蜡外，对植物授粉、维持生态平衡具有重要贡献。野生蜜蜂的护脾能力强，在蜜源丰富季节，性情温顺，在蜜源缺少时期，性情凶暴。为适应环境和生存有来回迁移习性，其生存概况见表1-2。

图1-8　大蜜蜂建筑在大树上的蜂巢　　图1-9　黑大蜜蜂聚居于悬崖峭壁下

表1-2　我国主要野生蜜蜂种群概况

	小蜜蜂	黑小蜜蜂	大蜜蜂	黑大蜜蜂
俗名		小草蜂	排蜂	雪山蜜蜂及岩蜂
分布	云南境内北纬26°40′以南，广西南部的龙州、上思	云南西南部	云南南部、金沙江河谷和海南岛、广西南部	喜马拉雅山脉、横断山脉地区和怒江、澜沧江流域，包括我国云南西南部和东南部、西藏南部
习性	栖息在海拔1900米以下的草丛或灌木丛中，露天营单一巢脾的蜂巢，总面积225~900厘米²，群势可达万只蜜蜂	生活在海拔1000米以下的小乔木上，露天营单一巢脾的蜂巢，总面积177~334厘米²	露天筑造单一巢脾的蜂巢，在树上或悬崖下常数群或数十群相邻筑巢，形成群落聚居。巢脾长0.5~1.0米，宽0.3~0.7米	在海拔1000~3500米活动，露天筑造单一巢脾的蜂巢，附于悬岩。巢脾长0.8~1.5米、宽0.5~0.95米。常多群在一处筑巢，形成群落。攻击性强

续表

	小蜜蜂	黑小蜜蜂	大蜜蜂	黑大蜜蜂
价值	猎取蜂蜜1千克，可用于授粉	割脾取蜜，每群每次获蜜0.5千克，每年采收2~3次。是热带经济作物的重要传粉昆虫	是砂仁、向日葵、油菜等作物和药材的重要授粉者。每年每群可获取蜂蜜25~40千克和一批蜂蜡	每年秋末冬初，每群黑大蜜蜂可猎取蜂蜜20~40千克和大量蜂蜡；同时，是多种植物的授粉者

保护大小蜜蜂： 野生的（黑）大蜜蜂、（黑）小蜜蜂也在默默地为人类酿造甜蜜，为地球的繁荣做出贡献，人们理应加以保护。

7. 蜂巢有哪些秘密？

蜜蜂的巢穴简称蜂巢，是蜜蜂繁衍生息、贮藏食粮的场所，由工蜂泌蜡筑造的1片或多片与地面垂直、间隔并列的巢脾构成，巢脾上布满巢房。

在自然情况下，东方和西方蜜蜂蜂巢是一个附着在洞顶或树枝下、形似半球的"蜜蜂城市"，多片巢脾，间隔并列（图1-10）；巢脾两面排布着呈正六棱柱体的工蜂巢房和雄蜂巢房，朝向房口向上倾斜9°~14°；房底由3个菱形面组成，3个菱形面分别是反面相邻3个巢房底的1/3；房壁是同一面相邻巢房的公共面（图1-11）。由巢房组成巢脾，再由巢脾构成半球形的蜂巢。单个巢

图1-10　意蜂建筑在树枝下的自然蜂巢（引自 David L. Green）

图 1-11 新脾巢房

脾的中下部为育虫区，上方及两侧为贮粉区，贮粉区以外至边缘为贮蜜区，分蜂季节，巢脾下缘长有王台（图1-12）。从整个蜂巢看，中、下部（蜂巢的心）为育儿区，外层（蜂巢的边或壳）为饲料区。

蜂巢如此结构能够充分利用空间、节省材料，而且坚固，便于保温、保湿和育儿、酿蜜。从某种意义上来说，蜂巢是蜂群生命的一部分，它的大小和新旧标志着蜂群的强弱和兴衰。

图 1-12 小蜜蜂蜂巢（示蜂房位置）
（引自 黄智勇）

8. 蜜蜂有哪些近亲？

以花蜜、花粉为食的还有麦蜂、无刺蜂、切叶蜂、熊蜂和壁蜂等。

①麦蜂。属麦蜂属，野生。群势小，贮蜜巢房较育虫巢房大，前者呈球状或不规则状，单层排布；后者呈葡萄状或发展成圆柱形，相连成片，片与片之间从上向下分层排列。

②无刺蜂。属无刺蜂属，野生。群势小，小型蜂种，体长3~10毫米，有采集花粉的构造。在土表层、墙洞和树洞内等营群体生活，育虫巢房比贮蜜粉巢房小，呈葡萄状或发展成圆柱形，并

紧连成片，片与片之间自上而下分层排列（图1-13，图1-14）；蜜粉房呈球状或不规则状（图1-15）。贮蜜量小且品质酸劣，每年仅能产出1.5千克的蜂蜜；其蜜蜡在传统上作为药用。无刺蜂是砂仁等植物的授粉昆虫。

图1-13　无刺蜂蜂箱（引自 刘富海）

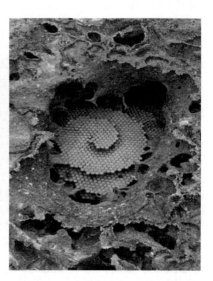

图1-14　无刺蜂蜂巢（引自 孙丽萍）

无刺蜂的"蛋糕"

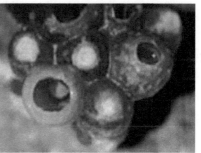

无刺蜂的蜜罐（壶）

图1-15　蜜蜂的近亲——无刺蜂（引自 黄智勇）

9. 蜜蜂有哪些贡献？

蜜蜂是人类的朋友、植物的红娘。它不但给人类酿造甜蜜、贡献琼浆玉液，而且还为植物传授花粉、繁衍后代，使植物长得快、长得大、结实多、品质好、产量高（图1-16）。

图1-16 国家现代蜂产业技术体系宁陵梨树蜜蜂授粉基地

1只蜜蜂一生能为人类生产0.6克蜂蜜（图1-17），1群蜂每年能为人类贡献100千克蜂蜜、10千克王浆、10千克花粉、1千克蜂蜡和0.25千克蜂胶。当前全国近40万人饲养1000多万群蜜蜂，以转地放蜂为主，定地饲养为辅。每年生产蜂蜜40多万吨、蜂王浆4000多吨、蜂花粉10000多吨、蜂蜡8000多吨、蜂胶400多吨、蜂毒约80千克，以及蜂王幼虫600多吨、雄蜂蛹60多吨，总产值达80亿元以上。

图1-17 采蜜

使用蜜蜂授粉，易得、易养、易用，成本低，效果好，安全、可靠，全年都可实施。由于蜜蜂体态轻盈、浑身长满绒毛，可黏附4万~5万粒植物的花粉，在采蜜时帮助雌蕊找到合适的"对象"而授粉（图1-18）。我国规模化集约化梨树种植，以及大棚草莓都需蜜蜂授粉才能结出上等品质的果实。蜜蜂授粉是现代农业必不可少的增加产量、提高

图1-18 采粉（李新雷 摄）

品质的措施，此价值比蜂产品的总和高10倍以上，据统计我国蜜蜂为作物授粉增产3041亿元/年。

大城小镇养蜜蜂： 鉴于蜜蜂的贡献，国内外专业或业余、城市或乡野，各个阶层养蜂蔚然成风（图1-19）。米歇尔·奥巴马白宫养蜂馈赠G20会议元首夫人，彰显甜蜜人生；安倍昭惠双手举起蜜脾，展示劳动之美（图1-20）。

图1-19 法国圣丹尼市政厅楼顶的蜂场
（颜志立 摄）

图1-20 安倍昭惠收获甜蜜

🐝 10. 工蜂都有哪些工作器官？

采蜜器官。工蜂的喙和蜜囊构成采蜜的器官（图1-21），喙是用于吸食液体食物的管子，蜜囊则是工蜂的前胃，类似我们购物的袋子。采蜜蜂把花蜜由喙吸入，暂时贮存在蜜囊里，回巢后交给酿蜜蜂进行酿造，否则就吞入中肠自己吃掉。

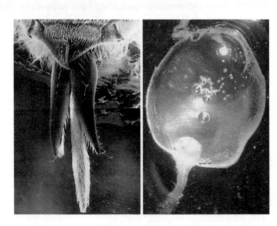

图1-21　工蜂的采蜜器官（引自 黄智勇）

　　百炼成蜜：蜜蜂的口腔膨大成食窦，是酿造蜂蜜的作坊。内勤工蜂把花蜜置于食窦中，将唾液中的酶添加进去，使花蜜中的蔗糖转化为果糖和葡萄糖，再通过扇风使水分蒸发，最后花蜜被酿造成蜂蜜。

采粉器官。工蜂采集花粉时，6只足、口器和全身绒毛都参与工作。工蜂头、胸部的绒毛分枝、叉，有的呈现羽毛状，便于黏附花粉。工蜂前足的净角器与后足基跗节内侧的花粉刷，以及花粉夹、胫节端部的花粉耙等，都有助于把花粉搜集、堆积到后足花粉篮中，

而中足胫节端部的
距则是采粉工蜂回
巢后的卸粉工具。
后足胫节端部宽
扁，外表面光滑而
略凹陷，周边着生
向内弯曲的长刚
毛，相对环抱，下
部偏中央处独生一
支长刚毛，形成一
个可携带花粉的花
粉篮（图1-22）。

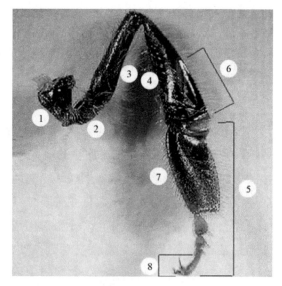

图 1-22　工蜂的足（引自 黄智勇）
1. 基节；2. 转节；3. 股节；4. 胫节；5. 附节；6. 花粉篮；7. 基附节；8. 前附节

采胶工具。 由其上颚、中足和花粉篮组成挖掘、装卸和携带蜂胶的工具（图1-23）。采胶蜂归巢后，由其他蜜蜂协助将蜂胶卸下。

图 1-23　蜜蜂采集蜂胶
（引自 www.apis.admin）

泌毒器官。 由螫针和螫针腺组成，是蜜蜂的武器。螫针由1根腹面有沟的中针和2根表面有槽端部有逆齿的感针组成，螫针腺生产的蜂毒，通过螫针排出体外或泵入敌体。

生死与存亡： 工蜂在螫人时，靠感针端部的小齿附着人体，蜜蜂逃跑时将螫针和螫针腺与蜂体断离。中针与感针上下滑动，使螫针越刺越深并持续射毒，直到把毒液全部排出为止。失去螫针的工蜂，不久便死亡。单个蜜蜂的死亡，威慑了异类，保护了群体生命。

泌蜡器官。是工蜂将花蜜和花粉合成蜡液的"反应堆"，也叫蜡腺，位于工蜂的第四至第七腹板的前部。蜡腺之外有光滑、透明、卵圆形的蜡镜，是承接蜡液凝固成蜡鳞的地方，蜜蜂使用蜡鳞建造房屋，我们再将蜜蜂的房屋熔化并凝固成蜂蜡。

泌浆器官。工蜂的咽下腺和上颚腺组成蜂王浆的加工车间，蜂蜜和蜂粮在这里转化为蜂乳，又称蜂王浆，用于喂养幼龄幼虫和蜂王。

守卫武器和筑巢工具。蜜蜂通过视觉和嗅觉获得防守或攻击信息，以上颚啃噬、拖曳异类，用螫针刺杀敌人。蜜蜂还用上颚筑巢、采集和使用蜂胶等。

分工与协作：工蜂寿命通常在35~180天，根据年（日）龄的大小、蜂群的需要及环境的变化而变更着各自的"工种"。这些工种有：孵卵、打扫巢房、哺育小幼虫和蜂王、泌蜡筑巢、采酿花蜜和蜂粮、守卫蜂巢（图1-24），等等，按序进行。在刺槐等主要蜜源开花期，如果蜂巢内只有极少量的幼虫哺育，5日龄的工蜂也参加采酿蜂蜜活动；在早春越冬工蜂王浆腺还会发育哺育蜂儿；连续生产花粉的蜂群，采粉的工蜂相对就多。

11. 雄蜂是如何度过一生的?

雄蜂是季节性蜜蜂,寿命20天左右。在春暖花开、蜂群强壮时,蜂王在雄蜂房中产下未受精卵,

图 1-24　张牙舞爪的守卫蜂(李新雷 摄)

以后它就发育成雄蜂。雄蜂既没有螫针,也没有采集食物的构造,不能自食其力。它们在晴暖的午后,飞离蜂巢2~3小时,仅有极少数雄蜂才能找到处女蜂王旅行结婚(交配),履行自己授精的职责,然后死去。绝大多数雄蜂追不到处女蜂王,却留得生命回巢,或飞到别的"蜜蜂王国"旅游去了。雄蜂的天职就是交配授精,平衡蜂群中的性比关系,平日里饱食终日,无所事事。一到秋末,这班已无用处的雄蜂,就会被工蜂驱逐出去,了此一生(图1-25)。

图 1-25　把雄蜂赶出家门(引自 www.mondoapi.it)

12. 蜂王是如何生儿育女的?

处女蜂王午后飞离蜂巢,与雄蜂在空中交配,并将雄蜂精液贮

藏在阴道背面的受精囊中，其表面的腺体分泌腺液，能够保持精子存活数年，与蜂王寿命（一般 3~5 年）相同。蜂王按需要从受精囊取舍精子，决定卵子受精与否。

根据测定，繁殖季节意蜂蜂王每昼夜能产卵 1800 粒、中蜂蜂王能产卵 900 粒，日夜不停，天天如此。产卵从蜂巢中央巢脾中心的巢房开始，然后沿螺旋线依次进行。蜂王能够测定巢房大小和形状，在工蜂房中产下受精卵，在雄蜂房中产下不受精卵，产满 1 脾，再展及左右脾。

"产卵机器"是如何炼成的：蜂王卵巢 1 对，由 300 多条卵巢管紧密聚集而成，卵巢管再由一连串能够产生卵子的卵室和提供营养的胞室相间组成（图 1-26）。众多的卵巢管和营养丰富的蜂王浆，保证了蜂王日夜产卵的数量，满满的贮精囊为蜂王提供了取之不尽的精子。

图 1-26　卵巢管（引自 黄智勇）

蜜蜂性别受到遗传基因控制。蜂王在工蜂房和王台基内产下的受精卵，是含有 32 个染色体的合子，经过生长发育成为雌性蜂；由雌性蜜蜂产的未受精卵，其细胞核中仅有 16 个染色体，只能发育成雄蜂。

蜜蜂级型分化由食物决定。蜂群中工蜂和蜂王这两种雌性蜂，在形态结构、职能和行为等方面存在差异，主要表现在：第一，工蜂具有采集食物和分泌蜂蜡、制造王浆等的工作器官，但生殖器官退化；蜂王没有采集食物的器官，无分泌蜂蜡、制造王浆等的腺体，但生殖器官发达，体大，专司产卵。第二，意蜂工蜂长成需要 21 天，寿命在繁殖期约 35 天、于越冬期约 180 天；意蜂蜂王长成历时 16 天，寿命 3~5 年。造成工蜂和蜂王差异的原因是食物和出生地，工蜂出生于口斜向上、呈正六棱柱体的工蜂房中，幼虫在最初的 3 天中吃王浆，以后吃蜂粮；蜂王成长于口向下、呈圆坛形的蜂王台中，幼虫及成年蜂王一直吃的是王浆（图 1-27）。可见是由于食用蜂粮和王浆的差异，导致了上述命运的悬殊。

图 1-27　工蜂房（左）和蜂王台（右）（引自 张中印、《蜜蜂挂图》）

住所、食物的力量：如果将 3 日龄内工蜂幼虫与蜂王幼虫交换住所，即变更它们的食物，则本应长成蜂王的幼虫却变成了勤劳的工蜂，而那条当初是"瘪三"的工蜂幼虫却成了发号施令的蜂王。

13. 蜂王如何统治她的王国？

蜂王是蜂群的统治者，它的职能就是产卵，以产卵量和自身的魅力（分泌蜂王物质多少）控制它的臣民。繁殖季节，意蜂蜂王每天产卵 1800 粒，中蜂蜂王每天产卵 900 粒，为了养活这些卵虫，工蜂每天需要起早贪黑不停地采蜜、造粮，白天晚上轮番哺育蜂儿。蜂王还将蜂王物质散布到蜂巢各个角落，防止工蜂卵巢发育和建造王台，严禁它们怠工、闹事（分家）。在蜂王的统治下，整个蜂城生活秩序井井有条，使王国呈现一片繁荣昌盛。

如果失去蜂王，蜂群秩序混乱，工蜂不再受到约束，部分个体开始产卵，妄想"称帝"，大家无意采蜜，整个蜂群处于悲鸣、无望之中，最终导致群体消亡。

蜂群永生的秘密：当蜂王衰老病残时，产卵量日趋下降，蜂王信息素量减少，大家族走向衰微；此时，蜂群便会培育新的蜂王进行更新换代，新王产卵，蜂群生活又将呈现生机勃勃。如果蜂王突然丢失，工蜂会将有 3 日龄小幼虫房临时改成王台（图 1-28），培育新王，延续生命。

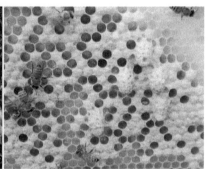

分蜂王台　　　　　　　　　急造王台

图 1-28　蜂群培养蜂王的特点（引自 www.beeclass.com、黄智勇）

14. 工蜂也能够成为母亲吗？

虽然工蜂也是雌蜂，具有发育不完全的生殖器官，能够生育，但是，它不能成为蜂群的母亲。在正常情况下，工蜂不能产卵，在无王情况下，部分工蜂卵巢发育，并向巢房中产下未受精卵，这些卵有些被工蜂清除，有些发育成雄蜂，自然发展下去，蜂群灭亡。

冒牌蜂王露马脚：工蜂产卵初期1房1卵，有的还在王台中产卵，不久，在同一巢房内会出现数粒卵（图1-29），东倒西歪，这些卵将

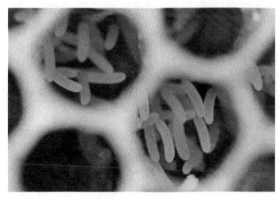

图 1-29　工蜂产卵

长成为发育不良的雄蜂。由工蜂产生的雄蜂与正常蜂群中粗壮威武的雄蜂相比，显得又瘦又小。产卵工蜂细长，腹末泛白，颜色黑亮，时常被工蜂追赶。另外，工蜂产卵蜂群，蜜蜂惊慌、蜇人。

15. 蜜蜂如何感知日出日落？

蜜蜂单眼 3 个，感知光色。它们呈倒三角形排列在两复眼之间与头顶上方（俗称天眼）。单眼为蜜蜂的第二视觉系统，它对光强度敏感，决定蜜蜂早出晚归。

火眼金睛明察秋毫：蜜蜂复眼 1 对，位于头部两侧，由数千个表面呈正六边形的小眼组成，大而突出，暗褐色，有光泽（图 1-30）。蜜蜂复眼视物呈现嵌像（小眼信息拼接形成，形似雷达成像），对快速移动的物体看得清楚，能迅速记住黄、绿、蓝、紫色，对红色是色盲，追击黑色与毛茸茸的东西。

图 1-30　工蜂的头部（引自 www.greensmiths.com）

16. 蜜蜂能听见你的歌唱吗？

蜜蜂没有耳朵，但它不是聋子，它们依靠足胫节外感觉细胞、触角梗节外缘撅状感器和复眼－后头之间的毛感觉（听）器感知声波信息。外感觉细胞48~62个，接受由物体传递的声波，频率范围1000~3000赫兹（次/秒），最高频率为2500赫兹；毛感听器的毛受声波振动产生振动脉冲，从而使毛具听觉作用；撅状感器能感知低于500赫兹的声音，但听不到800赫兹以上的声音。

我们正常人的听力范围在20~20 000赫兹之间，最易听到1000~3000赫兹的声音。

由于蜜蜂与人听力范围不同，所以蜜蜂听不到人的甜言蜜语，大喊大叫也吓唬不了蜜蜂。

17. 蜜蜂的热舞表达什么信息？

蜜蜂在巢脾上用有规律的跑步和扭动腹部来传递信息进行交流，通称为蜜蜂的舞蹈语言（图1-31），类似人的"哑语"或"旗语"。与食物有关的舞蹈有圆舞和8字舞。

圆舞是蜜蜂在

图1-31　蜜蜂的舞蹈
（引自 BIOLOGY-LIFE ON EARTH,3th，2003）

巢脾上快速左右转圈，向跟随它的同伴展示丰美的食物就在附近。

8字舞是蜜蜂在巢脾上沿直线快速摆动腹部跑步，然后转半圆回到起点，再沿这条直线小径重复舞动跑步，并向另一边转半圆回到起点，如此快速转8字形圈，向跟随它的同伴诉说甜蜜还在远方。于是，群蜂而至，将食物搬运回家。

当一个新的蜜蜂王国诞生（分蜂）时，蜜蜂也通过舞蹈比赛来确定未来的家园。

在15秒钟内，工蜂直跑次数越多，即舞蹈越积极，花蜜就越近、食物就越多；蜜蜂奔跑方向与竖直线交角，表明鲜花就在蜂巢与太阳两点直线相应角度的方向上。

蜂声：蜜蜂还通过原地快速震动身体发出整齐划一的蜂声，向来犯之敌示威和恐吓；当蜂王丢失时，工蜂会发出悲伤的无希望的哀鸣声。

图1-32 举腹放臭

18. 蜜蜂的臭味是多此一举吗？

当蜂群受到威胁时，工蜂就高翘腹部，伸出螫针向来犯者示威，同时露出臭腺（图1-32），扇动翅膀，将携带密码的类似熟香蕉的气味报告给伙伴，于是，群起攻击来犯之敌。

工蜂臭腺所放臭味还

能指示丁蜂或婚飞蜂王回巢路线。

19. 蜜蜂的村庄（蜂场）美丽吗？

在绿树成荫、溪水潺潺以及鲜花盛开的地方，通常就会发现数百只聚集在一起的蜂巢，一层、二层，甚至多到 8 层，这就是现代人类给蜜蜂朋友建造的高楼大厦——蜂箱，它们两箱一组、背靠背或门对门地成直线或圆周形整齐排列，在"花花世界"里形成一处处蜜蜂乡村，居住着上千万只蜜蜂（图 1-33、图 1-34）。

图 1-33　东北黑蜂单箱体饲养（朱志强 摄）

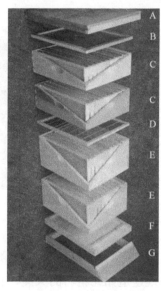

图 1-34　蜜蜂的大厦

A. 箱盖，防止日晒雨淋；B. 副盖，保温、防盗；C. 浅继箱，蜜蜂的粮仓；D. 隔王板，蜂巢的隔墙；E. 深继箱，蜜蜂幼儿园；F. 箱底，保温、防盗；G. 箱架，防止水漫蜂箱

每一个蜂巢都是这个乡村的一个独立蜜蜂王国，每一个王国里都有 1 只发号施令的蜂王、数百只供蜂王御用的雄蜂和数万只勤劳能干的工蜂。在这里，蜜蜂们采集花蜜，酿造蜂粮，各自苦心经营着自己的城市，过着甜蜜的生活。

制造甜蜜的农场：每一个蜂箱就是一个百宝箱，是一座生物加工厂，生产甜蜜，制造蜂粮，加工蜂毒和蜂王的食品。

🐝 **20. 蜜蜂的城市（巢穴）神奇吗？**

每一个蜂巢都是一个神奇的蜜蜂王国，王国里住着所有公民——发号施令的蜂王、勤劳勇敢的工蜂和游手好闲的雄蜂。在自然情况下，蜂巢是一个悬挂在洞顶的比半个篮球大的半球形蜜蜂城市，里面是由工蜂泌蜡筑造的 1 片或多片与地面垂直、间隔并列的

图 1-35　蜜蜂的城市——自然蜂巢（引自 黄智勇）

巢脾，巢脾上布满巢房。层层叠叠的巢房，规格如一，洁白如玉，美观如画，令人叫绝（图 1-35）。这样的结构能够最有效地利用空间，最省材料，而且坚固，也最有利于整个蜂城恒定温度和湿度、繁育蜂儿和酿蜜造粮。在漆黑一团的蜂城里，成千上万的蜜蜂在不同的位置准确地建造如此精巧的大厦，它们真是了不起的天才建筑家！同时，还要完成生儿育女、制备食粮的任务，所有工作井然有序，无需指挥。

看蜂巢识蜂运：蜂巢虽然没有生命特征，但它却是蜜蜂生命的载体，它的大小和新旧，无不体现出蜂群的成长、健康和衰微。蜜蜂建筑新的巢脾，表明蜂群健康、生机勃勃，

反之，蜂群处于维持生命或疾病缠身状态。

21. 蜂群如何战寒冬抗炎夏？

蜜蜂属于变温动物，其个体体温接近气温，随所处环境温度的变化而发生相应的改变。例如，工蜂个体安全活动的最低临界温度，中蜂为10℃，意蜂为13℃；工蜂活动最适气温为15~30℃，蜂王和雄蜂最适飞翔气温在20℃以上。另外，蜜蜂卵、幼虫和蛹生长发育适宜温度为34~35℃。

8℃也要飞：蜜蜂早春的第一要务——排泄，在气温8℃以上无风晴天，工蜂能够短时飞翔排泄。

蜂群对环境有较强的适应能力，其蜂巢温度相对稳定。蜂群在繁殖期，育虫（儿）区中的温度在34~35℃；在越冬期，蜂团表面的温度在6~8℃，蜂团中心的温度在14~24℃。具有一定群势和充足饲料的蜂群，在零下40℃低温下能够安全越冬，在最高气温45℃左右的条件下还可以生存。但是，蜜蜂在恶劣环境下生活要付出很多。

当蜂巢温度超过蜂群正常生活要求时，蜜蜂常以疏散、静止、扇风、采水和离巢等方式来降低巢温，短时间高温，蜂王会减少产卵量以减轻工蜂负担，长时期高温，蜂群在忍无可忍的情况下就会逃跑（生）。

在蜂巢温度降到蜂群正常生活标准时，蜜蜂通过缩小巢门、聚集、吃蜜活动等方式升高巢温。蜂群在整个生活周期内，都是以蜂团的方式度过，冷时蜂团收缩，热时蜂团疏散，这在野生的东方蜜

蜂、西方蜜蜂种群的半球形蜂巢中更为明显（图1-36）。

春暖花开季节，蜂群迅速发展，人丁兴旺，蜜蜂家园一派繁荣（图1-36左）；秋高气爽季节，蜂势衰微，冷风吹拂，蜂群停止生育，蜜蜂挤在一起，从容面对即将来临的冬季（图1-36右）。

春季温暖蜂散开　　　　　　　　秋季寒冷蜂聚集

图1-36　蜂群对温度的适应（引自www.invasive.org等）

抱团取暖： 在冬季外界气温接近6~8℃时，蜂群就结成外紧内松的蜂团，内部蜜蜂消耗蜂蜜产生热量，并向蜂团四周辐射传输，用以维持外层蜜蜂体温。蜂团外层由3~4层蜜蜂组成，它们相互紧靠，利用不易散热的周身绒毛形成保温"外壳"。"外壳"里的蜜蜂在得不到足够的温度而冻死时，就被其他蜜蜂替代。

22. 蜜蜂有哪些欢乐与辛苦？

蜜蜂的一生从小到大历经卵、幼虫、蛹和成虫四个阶段，卵、幼虫和蛹生活在蜂巢中，温度、湿度恒定舒适，吃蜂蜜喝王浆，受到工蜂的百般呵护，幼虫长得又白又胖，肢体发育丰盈结实。蜂儿在蜂巢中成长，无疑是甜蜜而幸福的，成虫期的生活，则充满着艰辛与风险。

蜂王虽然是蜂群的统治者，吃得最好，寿命最长，王权至上，一呼百应，但它同时又是最累的一只蜜蜂。试想，在花花世界里，意蜂蜂王每天产卵 1800 粒，中蜂蜂王每天产卵 900 粒，这些卵重超过其本身的体重。也就是说，蜂王每天不停地吃喝味道不佳的蜂王浆，将自身上下代谢一遍，而且每天如此，活似一台产卵机器，同时，它还需要产生足够多的蜂王物质分享给每一只工蜂，安抚它的臣民，防备儿女造反。未到衰老但过青春，它就需要带领部分跟随者离开老巢穴，重建家园；再过两年，体衰气短，王位被新王取代，不久死去。

工蜂是蜂群的劳动者，一生勤劳、奉献。工蜂随着日龄的增长、蜂群的需要，以及环境的变化从事着各自的工作。它们个个忠于职守，勤劳尽责，鞠躬尽瘁，死而后已。据统计，每只工蜂每次可携带 40~70 毫克花蜜，终生可为人类提供 0.6 克蜂蜜；收获 1 千克蜂蜜，需要 12 万 ~15 万只蜜蜂各采 1 次花蜜，共访花 500 万朵；来回飞行 36 万 ~45 万千米，相当于绕地球 8.5~11 周。蜜蜂出勤，不一定都是好天气，若遇狂风暴雨，更是艰辛，有很多蜜蜂遇难是常有的事。

小蜜蜂的神奇本领：成年的工蜂神通广大，不但能为人类制造香甜可口的蜂蜜、延缓衰老的蜂王浆，而且生产的蜂毒可解除人类高血压、关节疼的痛苦。它把植物生殖下一代的雄性细胞——花粉采集回来，供人类增强体质、抵御疾病，

甚至由它养大的蜂王幼虫和雄蜂蛹也成了人们餐桌上的美味佳肴！

🐝 23. 蜂群间为何会发生战争？

每个蜂群都是一个独立王国，如果工蜂跑到别的蜂群，其结果非抢即盗，也有拦路抢劫行为（图1-37），这就是食物、生存空间的竞争，是自然选择的规律。一方要不劳而获，一方要捍卫家园，战争随之在两个蜂群间展开。

图1-37　中蜂拦截意蜂勒索食物

战争的结果是，轻者受害群的生活秩序被打乱，蜜蜂变得凶暴；重者受害群的蜂蜜被掠夺一空，工蜂大量伤亡；更严重者，被盗群的蜂王被围杀或举群弃巢飞逃。

🐝 24. 蜂群如何分家立业？

老蜂王带领约一半的工蜂离群索居，重建家园，就是分家，也叫分蜂，是蜂群的繁殖方式。

当春末夏初蜜源丰富、蜂群群强子旺且蜂王衰老魄力不再时，工蜂就筑造"王宫（台）"并逼迫蜂王向王宫内产卵，培养蜂王，在王宫封闭后2~5天发生分蜂。在晴暖无风或微风之日，向往新生活的工蜂即时跳起舞蹈，发出分蜂信号。随着舞蹈蜂的增多，全群蜜蜂激动不已，它们饱食蜂蜜，冲出巢门，并在蜂巢前作低空飞翔，等待老蜂王的到来，而后，大队蜜蜂如决堤之水，蜂拥而出。它们在蜂场上空盘旋，跳着浩大的分蜂群舞，兴奋的分蜂大合唱响彻整个蜂场，不久，分出的蜜蜂便在附近的树杈或其他适合聚集的地方形成分蜂团（图 1-38）。接着"侦察"蜂飞向四面八方，寻找风水宝地（蜜源、水土、树洞等优良环境）回来报告，并且通过跳舞比

图 1-38　分蜂团（引自 黄智勇）

赛，决定最优地点。2~3 个小时后，蜂群结队随侦察蜂前往新巢穴，途中每只蜜蜂转着圈向前飞，唯恐掉队，整个分蜂群形成一朵生命的"蜂云"在向前滚动。蜜蜂飞抵目的地（洞窟），一部分工蜂高翘腹部，发出信号招引同伴，随着蜂王的进入，蜜蜂便像雨点一样降落在巢门前，涌进巢门。进入新巢穴后，工蜂即开始泌蜡建房，守卫巢门，有的工蜂认巢飞行并第一次采回蜂群生活所需要的食粮。新的团体生活从此开始，日后即使冻死饿死，也不重返原巢。

25. 人类如何善待蜜蜂？

保护蜜蜂资源，不随意掏蜂窝（野生蜂），杜绝杀蜂夺蜜。

保护蜜源植物，为蜂群提供源源不断的食物（图 1-39）。

图 1-39　油菜——一种作物蜜源

保护环境,减少农药、激素和除草剂等使用(量),防止蜜蜂中毒。可以通过蜜蜂授粉增加农业产值,用以弥补降低农药、化肥等使用所产生的影响。

保护蜜蜂,留给蜂群足够的蜂蜜和花粉食物。要想持续得到甜蜜,不得竭泽而渔,必须要让蜜蜂吃饱,保证健康和活力。

积极宣传,开拓蜂蜜消费市场,珍惜蜜蜂,提高蜜蜂地位。

第2章

蜜蜂的礼物之蜂蜜

蜂蜜为蜂群提供能量，是人类天然食糖来源之一。目前，我国每年生产蜂蜜约 40 万吨，内销和外贸大致相当，各占 50% 左右，国内人均消费蜂蜜 100 克上下，主要用于食用、美容、养生和治病。

1. 什么是蜂蜜？

蜂蜜是指蜜蜂采集植物花蜜或分泌物（图 2-1、图 2-2），与蜜蜂自身特殊物质结合后酿造，并在蜂巢中贮存至成熟的天然甜物质。

图 2-1　蜜蜂采集山茱萸花蜜　　　图 2-2　荔枝花蜜

目前，我国蜂蜜主要由意大利蜂（图2-3，图2-4）和中华蜜蜂（图2-5，图2-6）在主要蜜源花期生产，且都是人工饲养，很少有野生蜜蜂蜂蜜。

图2-3 意蜂典型的双箱体饲养、转地采蜜蜂场

图2-4 意蜂双箱饲养提脾看蜂

图2-5 中蜂格子箱多箱格饲养、定地蜂场

图2-6 中蜂格子箱饲养看蜂

　　形形色色的蜂蜜制品：诸如富硒蜂蜜、加锌蜂蜜和老年蜂蜜等都不是纯蜂蜜，而是蜂蜜制品。由于各种蜂蜜制品强化了产品的某项功能，从而适合特定的人群使用。

2. 如何生产蜂蜜？

　　采蜜蜂使用喙将花蜜吸入蜜囊中，然后分给酿蜜蜂，经过蔗糖转化和水分蒸发，蜂蜜才成熟。人们将贮藏蜂蜜的巢穴（脾）从蜂箱中提取出来，送入分蜜机中，开动马达，使巢脾在分蜜机中旋转起来，利用离心力将蜂蜜甩出来，过滤后即可包装上市。蜂蜜的生产工序如图2-7所示。

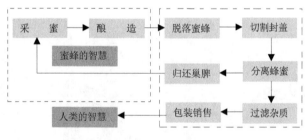

图2-7　蜂蜜生产工序示意图

3. 怎样保存蜂蜜？

　　养蜂场或蜂蜜公司贮藏和运输蜂蜜，须使专用不锈钢桶或无毒塑料桶盛装，养蜂场还可用陶制的大缸加盖密封贮存蜂蜜（图2-8）。贮存蜂蜜的专门仓库以地下室为宜，阴凉、干燥、通风，库温保持在 10~20℃。

　　家庭购买的蜂蜜，既可以在常温下保存，也可以在冰箱中贮藏。

与其他食品一样，蜂蜜越新鲜越好，因此，买回的蜂蜜应尽早食用，否则，应置于冰箱中保存。

蜂蜜两忌：保存蜂蜜忌阳光直射，忌金属容器包装。

图 2-8　蜂蜜贮存

4. 蜂蜜有哪些种类？

在单花蜜中，果树蜜有：荔枝蜜、枣花蜜、柑橘蜜、龙眼蜜、枇杷蜜、柿树蜜和苹果蜜等；

林木蜜有：刺槐蜜、椴树蜜、柃蜜、乌桕蜜、桉树蜜、栾树蜜、女贞蜜、漆树蜜、泡桐蜜、荆条蜜、胡枝子蜜、鹅掌柴蜜和白刺花蜜等；

药材蜜有：党参蜜、丹参蜜、苦参蜜、黄连蜜、枸杞蜜、黄芪蜜、酸枣蜜、桔梗蜜、牛膝蜜、薄荷蜜、甘草蜜、五味子蜜、五倍子蜜、夏枯草蜜、野藿香蜜、益母草蜜和柳树蜜等；

作物蜜有：油菜蜜、芝麻蜜、荞麦蜜、棉花蜜、葵花（图 2-9）蜜、西瓜蜜、小茴香蜜和韭菜蜜等；

图 2-9　葵花蜜源（引自 www.xtce.se）

甘露蜜有：橡胶蜜、槿麻蜜和松树蜜；

其他蜜有：苕子蜜、紫云英蜜、老瓜头蜜、野坝子蜜、草木樨蜜、紫苜蓿蜜和百里香蜜等。

另外，还有山花蜜（百花蜜）、巢蜜（市面上我们见到的一种不经分离连巢带蜜供消费者直接食用的蜂蜜，图2-10）。

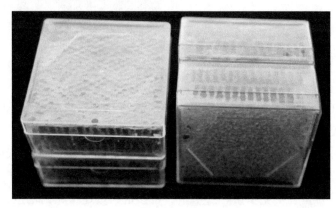

图2-10　巢蜜

5. 蜂蜜有哪些成分？

蜂蜜由180多种不同的物质组成，其主要成分是果糖和葡萄糖（约70%），其次是水分（约20%）和蔗糖（小于5%），还含有少量的其他糖类、粗蛋白、维生素、矿物质、酸类、酶类、氨基酸、糊精、胶体物质、花粉、色素和芳香物质，以及微量的乙酰胆碱、胆碱和H_2O_2（抑菌素）等（图2-11）。

蜂蜜类似物：白砂糖、高果糖浆和果葡糖浆都是甜味物质，它们来自甘蔗、玉米、土豆、大米、红薯等原料，经过人工转化而成。

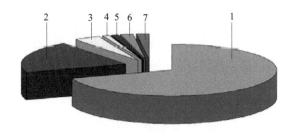

图 2-11　蜂蜜的成分

1. 果糖和葡萄糖；2. 水分；3. 蔗糖；4. 蛋白质和氨基酸；5. 糊精；6. 其他糖类；7. 维生素、
矿物质、酸类、酶类和黄酮类化合物等

　　白砂糖的主要成分　由甘蔗或甜菜压榨所得，蔗糖含量
99.8%。固体。

　　高果糖浆的成分　以淀粉为原料，先转化为葡萄糖，再
经葡萄糖反复异构化，形成果糖含量 70%~90% 的糖浆。液体。

　　果葡糖浆的成分　由淀粉（玉米、土豆、大米等）与白
砂糖经酸转化所得，成分为果糖、葡萄糖和水，少量低聚糖。
液体。

6. 蜂蜜有哪些性质？

　　色、香、味　同一
蜜源植物的蜂蜜具有相
同的色香味。蜂蜜的色
泽从水白色、白色、特
浅琥珀色、浅琥珀色、
琥珀色至深色（暗褐色）
（图 2-12）。蜂蜜有蜜源

图 2-12　蜂蜜的颜色——从水白色至棕褐色
（朱志强 摄）

植物花的香气，单一花种蜂蜜有该种蜜源植物花的香气，百花蜜具有纯正良好的气味。蜂蜜的滋味以甜、甜润或甜腻为主，某些品种还有微苦、涩、臭等刺激味。

蜂蜜的失色变味：长期贮存或加热不当，会使蜂蜜的颜色加深，香气减退并带有怪味，被铁污染的蜂蜜有铁锈味，并可使茶叶水变黑。

形态　新鲜成熟的蜂蜜是黏稠透明或半透明的胶状液体，在较低温度下放置一段时间后，多数蜂蜜会凝结成固体，即蜂蜜结晶（图2-13）。蜂蜜结晶属于物理变化，并非变质，可放心食用。蜂蜜浓度高、结晶快，状态则细腻、一体；如浓度低、结晶慢，状态则粗糙、分层。

图2-13　菖河硬蜜——一种结晶后可用捆绑销售的蜂蜜
（引自《蜜蜂挂图》）

这些蜜是例外：刺槐蜂蜜、枣花蜂蜜、党参蜂蜜和酸枣蜂蜜不结晶，其他蜂蜜结晶。

发酵　蜂蜜在较低浓度、较高温度条件下，其中的酵母菌生长繁殖，产生酒精和二氧化碳气体，在有氧的情况下，酒精分解成醋酸和水，这就是蜂蜜的发酵酸败。

蜂蜜发酵的后果：蜂蜜发酵后，失去固有的滋味，并带有酒味和酸味，同时出现大量泡沫，蜂蜜变得更加稀薄、苍白且浑浊（图2-14）。

图2-14　刺槐蜂蜜发酵结果

 7. 蜂蜜有哪些用途？

图2-15　狗熊与蜂蜜（引自《桂林日报》）

食物　作为蜂群的食物，成年蜜蜂能够以此生活。

补充能量　蜂蜜的主要成分是果糖和葡萄糖，为能量物质，还有乙酰胆碱等活性成分，因此，食用蜂蜜具有消除疲劳和振奋精神的作用（图2-15）。

大众美食　蜂蜜不仅营养丰富，没有脂肪，还"穷味之美，极甜之长"，来源广泛，老少皆宜。因此，蜂蜜素有"大众美食补品"之称。

美容养颜　蜂蜜外用具有保持皮肤湿润作用，内服具有防治便秘、失眠和加强肝脏解毒，调节内分泌和改善微循环的功能。因此，

蜂蜜具有养颜美容的用途。

养生保健 蜂蜜具有润滑肠胃、滋肺养肝、健脾明目、解毒祛火、治疗便秘和咳嗽、预防感冒和延缓衰老、抗菌消炎等作用。

除以上用途外，部分蜂蜜还有一些特殊作用。

（1）刺槐蜜 主产区在河南、山东、河北、辽宁、山西、陕西、甘肃、安徽等省，生产季节5~6月。刺槐蜜呈水白色，清澈透明，不结晶（图2-16），气息清香，酷似槐花花香，味甜润而不腻。刺槐蜜含有刺槐甙和挥发油，可用于止咳、防腐和抗菌，也用于镇静安眠。

图2-16 刺槐蜂蜜

儿童、孕妇首选刺槐蜂蜜食用。

刺槐小科普：刺槐属豆科、乔木，主要生长在山区、黄河滩涂和村庄。需自身和生长环境无污染。

（2）龙眼蜜 主产区在福建、广东、广西、台湾等省、自治区，生产期4~5月。龙眼蜜呈琥珀色，质地细腻，味甘甜润，气息浓郁，有龙眼干的气味，结晶颗粒较大。龙眼蜜是我国生产单花蜜种中蛋白质含量最高的。可用于儿童厌食、老年健忘。

（3）椴树蜜 主产区为东北长白山、完达山、兴安岭林区，7月生产。椴树蜜呈特浅琥珀色，具浓郁的薄荷香味或杏仁香气，口感甜润，无刺激感，结晶洁白细腻。

（4）柑橘蜜　主产区在四川、湖南、湖北、福建、广东、广西、浙江．江西等省、自治区，生产季节 4~5 月。柑橘新蜜呈浅琥珀色，透明度较高，具浓郁的柑橘香气，味甘甜微酸，鲜洁爽口，结晶乳白色、细腻。

（5）枇杷蜜　产于浙江余杭、黄岩，安徽歙县，江苏吴县，福建莆田、福清、云霄，湖北阳新。11 月至翌年 1 月开花。枇杷蜜具有清肺和胃、化痰止咳，益于缓解咽喉肿痛、肺热咳嗽、防治感冒。

（6）荆条蜜　主产区为山东、河南、河北、山西、湖北和北京等省、直辖市，生产季节 6~7 月。纯荆条蜜呈特白色（图 2-17），贮放一段时间则稍带"红头"，透明，有荆花的芳香气味，甜爽而不腻。分离出的荆条蜜若能及时过滤和包装密封就不结晶，如与空气接触多则结晶，结晶粒乳白、细腻。荆条蜜发汗解表、散寒清热，益于缓解伤风头痛。

荆条属马鞭草科、灌木，生长在山区，需本身和生长环境无污染。

图 2-17　荆条蜂蜜

荆条蜂蜜的形色：荆条开花期，在气候适宜条件下，生产的蜂蜜颜色为特白色；在泌蜜差的情况下或泌蜜后期生产的蜂蜜为浅琥珀色。分离出的荆条蜂蜜若及时分装和密封，在 15℃ 以上室温条件下，保存 18 个月也不会结晶。

（7）荔枝蜜　主产区在福建、广东、广西、台湾等省、自治区，

2~4 月生产。荔枝蜜呈浅琥珀色，气息芳香馥郁，带荔枝果酸味，甘甜而略有辣感。结晶粒较细，色微黄。荔枝蜜理气散寒、补血健脾，有益于改善贫血、心悸畏寒。

（8）枔花蜜　又称野桂花蜜，主产区为长江流域及以南各省区，10 月至次年 2 月生产。枔蜜水白色，接近无色透明，气息清香，味道鲜洁甜润，非常爽口，不易结晶，结晶洁白、细腻。有固肾益精，缓解筋骨疼痛、风湿麻木的作用。

枔花多被中蜂利用，生长在山区，需本身和生长环境无污染。

（9）枣花蜜　主产区在河南、山东、河北、陕西等省，生产季节 5~6 月。枣花蜜呈琥珀色，透明，黏稠，有中草药的芳香气味，味浓甜，久藏不坏，且不结晶，若与其他蜂蜜混杂则结晶，结晶粒呈粗粒（或雪花）状，微现黄色。是配制中药的一个上好品种，有开胃健脾、生津止渴功能，用于久咳、气管炎、头昏目眩、记忆力减退、产妇手术后。

枣属鼠李科栽培果树，由于近年来农药污染、激素的滥用及气候的变化，枣花蜂蜜的产量逐年下降。

（10）乌桕蜜　又称小署蜜，主产区是湖北、贵州、浙江及福建、广东等省，6~7 月生产。乌桕蜜呈浅琥珀色，气息浓香，略有酸味，口感甜而微酸，回味较重。结晶粒粗，色黄而略暗。

（11）鹅掌柴蜜　又称鸭脚木蜜、八叶五加蜜、正冬蜜。主产区为福建、广东、广西、江西和台湾等省、自治区，9 月至次年 1 月生产。鹅掌柴蜜初呈浅琥珀色，气味浓郁，苦味较浓，随贮存时间延长蜜色逐渐呈深琥珀色，苦味减轻。结晶乳白色，颗粒较细，具有清热解毒作用。

（12）白刺花蜜　又称狼牙刺蜜，主产区为陕西、甘肃、四川、云南、山西等省，4~6月生产。白刺花蜜呈浅琥珀色，不易结晶，结晶细腻、质硬，近似白色，味甜气浊，不爽。

（13）紫云英蜜　主产于我国长江流域、华南、西南各省，以及河南信阳地区，春季生产。紫云英蜜呈特浅琥珀色，微现青色，味鲜洁、清淡芳香，甜而不腻，不易结晶，结晶后呈乳白色细粒状。有益于气血双虚、厌食、精神不振、头昏心烦。

紫云英为豆科、牧草，栽培于水稻田中。

（14）芝麻蜜　主产区为河南、湖北、安徽、江西、河北、山东等省，生产季节7~8月。芝麻蜜呈浅琥珀色（图2-18），气味芳香，甘甜，略有酸味，泡沫多，易膨胀，粗粒结晶，色白微黄。具有补肝肾、乌须发、养血润燥作用。

图2-18　芝麻蜂蜜

图2-19　野坝子蜂蜜

（15）野坝子蜜　主产区为云南、四川、贵州三省，10~12月生产。野坝子蜜呈浅黄绿色，具清香味，甜而不腻，极易结晶，结晶粒粗（"沙蜜"）或细腻似油脂状（"油蜜"），结晶后呈乳白色，质地坚硬（图2-19），有"云南硬蜜"之称。野坝子蜜具有清热解毒、通鼻塞功效，有益于肝病患者。

（16）胡枝子蜜　主产区为我国东北三省，7~8 月生产。胡枝子蜜呈浅琥珀色，略香，甜润，结晶细腻、洁白。

（17）草木犀蜜　黄香草木犀蜜浅琥珀色，白香草木犀蜜水白色、白色，味道清香甜润，结晶乳白、细腻。

（18）老瓜头蜜　主产区为宁夏、内蒙古、陕西和甘肃等省、自治区的沙漠地带，6~7 月生产。老瓜头蜜呈浅琥珀色，蜜液浓稠，甜度高，结晶后呈乳白色，略有饴糖味并稍涩口，类似枣花蜂蜜。

（19）葵花蜜　主产区为我国东北、西北和华北各省份，7~8月生产。葵花蜜呈黄色，蜜液浓稠，气味芳香，易结晶，结晶后呈乳白色，蜜质优良。

（20）棉花蜜　主产区为新疆、陕西、山西、山东、河北、河南、江苏、安徽等省、自治区，生产季节多在夏末和秋季。棉花蜜呈浅琥珀色，透明，味甜而带轻微涩口，香气淡，带有乳酸气息，易结晶，结晶后呈白色，颗粒较粗，质较硬。

（21）桉树蜜　主产区为广东、广西、福建等省、自治区，生产季节大叶桉 9~10 月，窿缘桉 5~6 月。桉树蜜呈深琥珀色，桉醇味浓，味甜腻辣喉、微涩，稍有咸味，适口性差。桉树蜜易结晶，结晶粒粗，色泽暗黄。

（22）菊花蜜　主产区为湖南、湖北、江西、河南西部山区和山西。菊花 9 月上旬始花，11 月上旬末花。菊花蜜浅琥珀色，气息清香，具有疏风清热，平肝明目作用。

（23）果树蜜　早春蜜蜂采集梨花、杏花、桃花、苹果花等多种果树花蜜酿造而成，色泽灰暗，易结晶，结晶色暗，气息香甜浓郁，味道甘甜宜人，营养价值高。

（24）荞麦蜜　主产区有内蒙古、宁夏、甘肃、陕西等省、自治区，8~10月生产。荞麦蜜呈深琥珀色，味甜而腻，有浓烈的刺激（臭）气味，结晶粒粗。荞麦蜜蛋白质和铁的含量高于浅色蜜，营养价值高，对神经衰弱及贫血疗效较好，因该蜜含有芸香苷，对软化血管、治疗贫血有益。

（25）党参蜜　主产区为甘肃、陕西、四川、山西等省，7~9月生产。党参蜜呈血红色，质地黏稠，不结晶，具党参的药用价值。党参蜜补气养血、止渴生津，有益于改善神经衰弱、失眠头痛。

（26）油菜蜜　生产季节在春、夏两季，主产区为新疆、甘肃、青海、陕西、四川、江西、广西、内蒙古、湖北、云南和贵州等省、自治区。新生产的液态油菜蜜

图2-20　油菜蜂蜜（结晶）

呈特浅琥珀色，有油菜花香味（青气味），味甜而不爽，极易结晶，结晶后呈白色油脂状（图2-20）。

（27）五倍子树蜜　9月生产，色泽琥珀色深，味道甘甜，中药香气浓郁（图2-21）。适用于虚汗、肺虚、肾虚、久泻久痢、痔血、便血，有食疗保健之用。

五倍子树又称盐肤木，漆树科五倍子属，落叶小乔木或灌木。主产秦岭、大巴山、武当山、巫山、武陵山、峨眉山、大娄山、大凉山

图2-21　五倍子蜂蜜

等山区和丘陵地带。

（28）益母草蜜　产于湖南洞庭湖区、长江沿线及云南等地，7~9 月开花泌蜜。具有和血调经，益于产后恢复、目赤肿痛、乳汁不下、妇科疾病。

（29）苕子蜜　主产区为江苏、四川、云南、贵州、陕西、安徽、湖北、湖南、广西等各省、自治区，3~5 月生产。苕子蜜呈特浅琥珀色，清香甜润，结晶细腻而洁白，蜜质上乘。

（30）野藿香蜜　主产于云南省红河州、文山壮族苗族自治州，蜜色呈浅琥珀色，具清香味浓厚，结晶细腻。具有散风寒、理气化湿、软化血管作用。

（31）槿麻蜂蜜　是我国主要甘露蜜之一，产于河南省正阳、潢川、息县一带，7~9 月开花。

（32）椿树蜜　清热利湿、收敛止痢，益于肝胆病、久泻、久痢。

（33）沙枣蜜　产于西北地区。能补脾益胃、补中益气、补血安神，如浸入枸杞子更能增进健康，对气虚畏寒、虚寒型胃脘疼痛、脾胃虚寒、腹胀便秘的人更适宜。

（34）西瓜蜜　麦茬西瓜在 7~8 月开花，西瓜蜜浅琥珀色，气味芬芳，有清热利尿之功效。

（35）茴香蜜　产于内蒙古托县、山西朔州，花期在 7 月中旬至 8 月上旬。色泽琥珀色，浓度高，香气浓而宜人。理气和中、散寒止痛，益于脾胃虚寒、小腹冷痛、痛经。

（36）黄芪蜜　主产山西繁峙县，内蒙古、黑龙江等东北地区，红芪产于甘肃陇南、定西等地。花期 6 ～ 9 月。黄芪蜜有补气生阳、调和脾胃、润肺生津、祛痰之功效；主治脾胃虚弱，自汗盗汗，中气不足，痈疽不溃，退肿排毒等。

（37）枸杞蜜　主产地为宁夏中宁、新疆精河县、内蒙古鄂尔多斯市杭锦旗独贵特拉镇。枸杞蜜呈浅琥珀色，透明（图2-22）。具有中草药气味，补肝肾、滋肾、益精血、明目、止渴、润肺。

（38）山楂蜜　产于河南、山东、河北，生产期在当地刺槐花尾期。山楂蜜白色，气息清香，味道甘甜可口。具有开胃养颜功效。

（39）桔梗蜜　主产安徽亳州、四川金堂川，8月开花泌蜜。常混入芝麻蜜、荆条蜜。纯桔梗蜜水白色，略带黄色，含桔梗花香味，具有理气、祛痰止咳、消肿排脓作用。

图 2-22　枸杞蜂蜜

（40）黄连蜜　主产地为重庆市石柱县、湖北利川、四川大邑和陕西、湖南等地，8~12月开花。黄连蜜色黄、稍苦，有清热解毒、退虚热作用。

（41）丹参蜜　5月中下旬开花泌蜜，主产于河南方城县。丹参蜜浅琥珀色，具丹参花香气味，甜而腻、药味重。有活血化淤、调经止痛之功能，还对治疗冠心病、脑血栓有效。

（42）甘草蜜　产于喀什地区疏勒县。蜜琥珀色，香气浓郁，具有解毒、镇咳、健胃等功效。

（43）五味子蜜　主产辽宁凤城市、黑龙江、吉林和长江流域及西南地区，花期5～6月。五味子蜜有开胃生津、平肝明目作用，益肾虚。

（44）苦豆蜜　清热解毒，益于咽喉肿痛和肿瘤患者。

（45）酸枣蜜　产于河南济源、陕县及河北、山西、陕西，生产期5月下旬~6月上中旬。蜜质茶色透亮，味甘甜爽口，不易结晶。有开胃健脾、生津止渴作用。

（46）薄荷蜜　主产区在江苏、安徽、浙江、江西、台湾等省和河南南阳，7~8月开花。薄荷蜜蜜色深，呈深琥珀色（棕褐色，图2-23），具有较强的薄荷特殊气味。清热下火，益于外感风寒、咽喉肿痛、皮肤疱疹。

图2-23　薄荷蜂蜜

（47）半枫荷蜜　主产地福建永春龙岩、漳平、南靖和南平，江西石城、瑞金、龙南、金南、寻乌、安远，湖南宜章，广东大埔和乳源、连山，海南琼中、陵水、保亭、乐东，广西灌阳、贺县、九胜、临桂、永福、大苗山，贵州部雷山、榕江、荔波及册亭。2～4月开花。半枫荷蜜清热凉血，益于伤风久咳、胸闷、偏瘫。

（48）夏枯草蜜　主产河南驻马店市，5月下旬~6月上旬开花。夏枯草蜜琥珀色（图2-24），具有浓郁的枯草香味（类似王老吉、加多宝凉茶的香

图2-24　夏枯草蜂蜜

气），甘甜可口。具有清热泻火、明目和散结消肿作用。

（49）柿花蜜　产于河南荥阳及山区、山西、陕西、河北，5 月中旬开花。柿花蜜浓度高，色泽金黄，稍涩口。

（50）山花蜜　采自多种野生蜜源植物，黄色至黄绿色（图 2-25），或浅琥珀色至深棕，芳香益人，后味悠长，略带苦味，不易结晶，具有清热解毒、润肺、利尿等功效。

图 2-25　山花蜂蜜

 8. 蜂蜜有哪些用法？

蜂蜜茶水　20 克蜂蜜加 200 克温开水，混合均匀饮用（图 2-26）。也可将蜂蜜加入温热的豆浆、牛奶、鸡蛋汤中饮用。以蜂蜜为甜味剂，制作各种甜粥食用。

直接食用　将蜂蜜直接含在口中，慢慢溶化吞咽。

抹面包片　在早餐时把蜂蜜涂抹在面包、馒头片上食用。

食用蜂蜜须有量：常人食用蜂蜜，每天宜用 50 克左右。老年人、孕妇、习惯性便秘患者，每天早晨服食。胃及十二指肠溃疡患者，除了用蜂蜜与中药配伍外，每天早晚服食蜂蜜 50~100 克。

图 2-26　蜂蜜茶水——美味、营养

9. 怎样辨别蜂蜜的真假？

根据单花种蜂蜜固有的和百花蜂蜜良好的色、香、味、形等特点与假蜂蜜的缺陷进行判断。

真：正常的蜂蜜光泽油亮，透明度好。新鲜蜂蜜气味明显，单花种蜜有该蜜源花种本身独特的气味，混合蜜应有纯正良好的气味。味甜而微酸，口感绵软细腻，喉感略带麻辣，余味轻悠长久，且独具风格。手捻蜂蜜有细腻感。

假：颜色与正常蜂蜜不符，味道平淡、喉感弱，余味轻淡短促，凡有玉米香气、蔗糖气味、氨水气味、柠檬酸味、饴糖味道，或色泽鲜艳、手捻粗糙、形状不一者都是假蜜或为掺假的表现。

蜂蜜真伪小试验：取蜂蜜一滴于草纸上，点燃草纸，闻味，无蜜香者为假蜂蜜。

蜂蜜50克加400克矿泉水混合，激烈摇晃，静置3~5分钟，泡沫细腻、不易消失和略有混浊的为真蜂蜜，反之为假蜂蜜。

10. 如何判定蜂蜜的优劣？

一般来说，蜂蜜颜色越浅，其香气越清淡，味道越甜润。色泽深暗、味臭或有馊味和异味、浓度低者为质量差。

品质好：如刺槐蜜、荔枝蜜、柑橘蜜、椴树蜜、紫云英蜜、白（或紫）荆条蜜、柃蜜、芝麻蜜和五味子蜜等。

品质差：如荞麦蜜、桉树蜜、韭菜蜜和椿树蜜等。

质量好：无杂质、不发酵（成熟蜜）、无铁锈味、色泽正常。

质量差：浓度低、色泽异常或有铁锈气味，或不卫生的。

11. 食用蜂蜜有哪些禁忌？

凡湿热积滞、痰湿内蕴、中满痞胀及肠滑泄泻者，均不宜食用蜂蜜。

饭前饭后不一样：饭前 1.5 小时饮用蜂蜜会抑制胃液的分泌，饮用蜂蜜后立即进食会刺激胃液的分泌；温热的蜂蜜水会使胃液稀释而降低胃酸，而冷的蜂蜜水能刺激胃酸分泌，加强肠道运动，有轻泻的作用。

不宜食用发酵严重或兑茶水变黑（被铁污染）的蜂蜜。

有毒蜂蜜不能食用。有毒蜂蜜多为绿色、深棕色或深琥珀色，有苦、麻、涩等味感，随着贮藏时间的延长，毒性会逐渐降解。

有些蜜苦属正常：苦参蜂蜜、五味子蜂蜜和八叶五加蜂蜜味微苦，但无毒。

12. 糖尿病患者能吃蜂蜜吗？

蜂蜜中含有 35% 左右的葡萄糖和 5% 左右的蔗糖，易被人体吸收。糖尿病患者在血糖稳定的情况下，可以少量食用蜂蜜，或在医生指导下适当食用蜂蜜。

糖尿病人吃蜜有讲究：糖尿病患者所食蜂蜜必须是纯正、优质和未经加工，即由全部封口的蜜脾所生产的。

13. 什么是巢蜜?

图 2-27 礼盒巢蜜

巢蜜是指被直接作为商品出售的带蜂房封盖蜜,由蜂巢和蜂蜜两部分组成。商业上专门生产有整脾巢蜜、切块巢蜜、混合块蜜、格子巢蜜、盒子巢蜜(图 2-27)等形式。另外,由老巢脾封盖形成的称为老巢蜜。

　　蜂制品——功能巢蜜:近年来,人们把蜂蜜、植物汁液混合后,再利用蜜蜂酿造,生产出各种不同用途的"功能巢蜜"。功能巢蜜,必须按配方投料,产品经过测定、试验并经有关专门机构认证和许可,才能生产销售。生产的全过程,必须符合食品生产操作规范和卫生要求,它的消费和食用针对某一类人群。

14. 如何生产巢蜜?

　　生产巢蜜包括组装巢蜜盒(格)、修筑巢蜜脾、管理生产群,蜜蜂采蜜、酿造、封口,最后采收(图 2-28,图 2-29)、灭虫、消毒和包装等工序。

15. 巢蜜有何特点？

巢蜜中含有丰富的生物酶和微量元素，除了具有蜂蜜的营养成分外，还具有蜂蜡和少量蜂胶，常吃巢蜜可以清洁口腔、保护牙齿、润肺、护肝，老巢蜜还对鼻炎有效果。

图 2-28 　盒、格巢蜜

16. 小孩怎样吃蜂蜜？

儿童和婴儿吃蜂蜜，可补充糖类等物质，满足生长需求，保护牙齿，预防贫血、感冒和便秘，促进睡眠，增加钙、铁、锌和磷摄入。云南有一儿歌唱出"糍粑蘸蜜糖，吃了不想娘。糍粑蘸蜜糖，吃了快快长"。

儿童吃蜂蜜方式，一是喝5%~12%的蜂蜜水，二是把蜂蜜加入牛奶或豆浆中食用，或用馒头、面包、香蕉和苹果蘸蜜吃（图2-30）。

图 2-29 　巢蜜艺术——甜蜜报喜

图 2-30　蜂蜜——幸福的食品（引自 Nati Shohat /FLASH90）

小儿用蜜洁为先：儿童吃蜜以刺槐、椴树和白荆条蜂蜜为宜。

17. 老人怎样吃蜂蜜？

生姜蜂蜜水　取 5~10 克鲜姜片放入杯中，用 200~300 毫升开水浸泡 5~10 分钟后，加入 25 克蜂蜜搅匀饮用。坚持饮用 1 年，消除老年斑。

强力蜂蜜醋　蜂蜜醋 10 毫升，蜂蜜 20 毫升，水 200 毫升，混合饮用，具有养颜开胃、温通经脉、软化血管、降血脂和抗疲劳作用。

强力核桃蜜汁　核桃肉 20 克研碎，兑蜂蜜 30 克，每天 2 次，口服。具有益智健脑、润肺止咳作用，用于肺肾阴虚之咳嗽和老人保健（图 2-31）。

图 2-31　老人与蜂蜜（引自《科学博览》）

长寿与蜂蜜：《神农本草经》阐述蜂蜜有"久服强志轻身、不饥不老"的功效。古代百岁名医甄权和孙思邈均以蜂蜜保健。公元前西医学之父希波克拉底和伟大的科学家德谟克利特，食用蜂蜜保健，两人都活到百岁以上。

图 2-32　孕妇与蜂蜜（引自 www.
wildernessawareness.org）

 18. 孕妇怎样吃蜂蜜？

蜂蜜营养丰富，清热润燥，安抚精神。怀孕的妇女食用蜂蜜能补充营养，增强体质，预防感冒、火气和便秘（图 2-32）。

牛奶加蜂蜜　每晚睡前喝杯加一勺蜂蜜的热牛奶。

荔枝美容粥　荔枝 10 个（去壳），粳米 50 克，蜂蜜 20 克，

加水熬粥食用，每天 1 次。

蜂蜜大枣茶 大枣 5 个，煮烂榨汁，与蜂蜜同用。具有促进胎儿生长、润肤悦颜作用。

蜂蜜鸡蛋茶 鸡蛋 1 枚，磕开搅拌均匀，加入 300 克沸水，搅拌成蛋花，片刻，再加蜂蜜 35 克，饮用。适用于盗汗体虚、肝火旺盛。

孕妇用蜜亦有道： 以上食用方法使用刺槐蜜、荆条蜜、椴树蜜、枧蜜和益母草蜜等更好。

🐝 19. 怎样使用蜂蜜洗浴？

将蜂蜜作为营养成分放入水中进行洗浴，或作为按摩油使用，能改善皮肤生理活性，促进皮肤健康。

沐浴 用蜂蜜 250 克，薄荷油少许，加入浴缸中，放进温水至人体全部浸入为度，浸泡 30 分钟即可，无须香皂。每周 1~2 次。

图 2-33　蜂蜜可用于美肤
（引自 www.18839.com）

能使人神清气爽，肌肤细腻、光滑，消除皱纹，延缓皮肤衰老，并防止皮肤病和瘙痒症的发生。

按摩 用蜂蜜 5~10 克，加清水 15~25 毫升，充分混合后涂于面、颈、手、腕等处（图 2-33）。全身按摩用蜂蜜 25 克，甘油适量，加水 50 毫升，充分混合后涂于周身皮肤（如上肢、胸腹部、足部、大腿、小腿、会阴部、臀部等）。按摩 30 分钟后用清水冲洗，每天 1 次或隔日 1 次，持之以恒，能保持肌肤年轻。

添加王浆能增效：如果每天再食用蜂王浆，效果更显著。

20. 怎样用蜂蜜做面膜？

蜂蜜苦瓜面膏　将苦瓜捣烂榨汁，加入等量的鸡蛋清和蜂蜜，搅拌均匀后敷面，并轻轻按摩 10 分钟，待自然风干后，用清水洗净。每周 2 次，能使肌肤洁白、细嫩、去皱和富有弹性。

古埃及美肤法　用熟石膏、蜂蜜、燕麦粥调成膏，敷于面部，待膏干后揭去，大量衰老死亡的细胞即粘于膏上除去。长期坚持，皮肤就会白嫩润泽。

蜂蜜蛋黄面膏　将蛋黄加入蜂蜜和面粉中制成浓浆，均匀敷面部。可防治粉刺，预防秋冬季皮肤干燥和皱纹。

21. 蜂蜜治外伤怎么用？

蜂蜜具有营养促再生和抗菌消炎作用，可用于轻度的外伤治疗。

创伤及灼伤　先用生理盐水清洗伤口，清除坏死组织及脓液，然后将蜂蜜敷于伤口表面，外用绷带包扎。3~4 天换药 1 次，分泌液多的伤口，1~2 天换药 1 次。此法可防止绿脓杆菌感染。

冻疮、冻伤　用蜂蜜与黄凡士林等量调成膏，涂于无菌纱布上，敷盖于创面，每天 2~3 次，敷盖前先将创面清洗干净，敷盖后用胶布包扎固定，一个疗程 4~7 天。对于冻疮，于洗净后也可涂蜜包扎，隔日换药 1 次。

蜂蜜治脚气　用温水泡脚、洗净，将蜂蜜涂抹患处，每天早晚

各 1 次，勤换鞋袜，1 周可愈。

对蜂蜜的要求：浓度高（成熟）、不加工且新鲜。

22. 蜂蜜治咳嗽怎么用？

蜂蜜治小儿咳嗽 红梨 1 个，去皮挖核，装入川贝（粉）1~1.5 克、蜂蜜 25 克，封口，蒸 20~30 分钟。睡前服用（图 2-34）。

图 2-34 小儿止咳汤

民间小经验：用蜂蜜作润喉剂，可止干咳、喉痒。

蜂蜜治疗气管炎 用 1∶2 蜂蜜水溶液，经雾化后由患者的鼻孔吸入，从嘴巴呼出，每次 20 分钟，每天 1~2 次，20 天为 1 个疗程，效果显著。

蜂蜜治疗久咳肺热咳嗽 蜂蜜 50 克、生姜 50 克、红梨 1 个。将生姜和红梨捣碎，与蜂蜜混合。生食，每天 2 次。

治咳蜂蜜的选用：以上使用枇杷蜂蜜、枣花蜂蜜、酸枣蜂蜜、甘草蜂蜜和刺槐蜂蜜为宜。

23. 蜂蜜治便秘怎么用？

蜂蜜 50~120 克，加入温开水中，每天早、晚饮用。

用香蕉或萝卜蘸蜂蜜吃。

民间小经验： 长期便秘可引起失眠、精神恍惚、脸色灰暗、内分泌失调、胃肠积气、积毒素、高血压、神经障碍等许多病症。蜂蜜是治疗便秘的传统食物，能润滑肠胃，其中的乙酰胆碱促进肠道畅通。

　　每天用蜂蜜 25 克加水饮用，可预防便秘，适合青春期内分泌失调、长期便秘长青春痘的女性应用。

24. 蜂蜜祛火气怎么用？

　　可将蜂蜜加入水中或果汁中饮用，如与牛奶、醋一起食用，或采用治疗便秘的方法，都可取得清热解毒的实效。尤其适合老人和女士。

　　蜂蜜牛奶醋　牛奶加蜂蜜醋或食醋。在牛奶中，加入 1~2 匙的蜂蜜醋或食醋、10% 蜂蜜，搅拌均匀饮用。牛奶含有蛋白质、维生素 B_2、维生素 A、维生素 E 等，可防止肌肤干燥、老化，保持水嫩健康；醋可帮助血液循环顺畅，将营养元素送达细胞；蜂蜜则防止便秘，润滑肠胃。牛奶加蜂蜜醋变得浓稠，好喝还养颜美容。

　　生凉蜂蜜更有效： 蜂蜜生食性凉，有祛火作用，以刺槐蜜、山花蜜、西瓜蜜、薄荷蜜、夏枯草蜜、黄连蜜和芝麻蜜对清热祛火更有效。

25. 肝脏病患者怎样用蜂蜜？

　　蜂蜜有保护肝脏、增强肝脏解毒作用。

　　强力蜜姜饮　鲜生姜 30 克洗净榨汁，用 30 克蜂蜜调兑，温开

水冲服，每日 3 次。用于慢性肝病、肺寒咳嗽及胃寒干呕等症。

口服蜂蜜水 每天早、晚空腹服蜂蜜 40~50 克（加水）。

口服王浆蜜 20% 的蜂王浆蜜 30 克加水 200 克，口服，每日 2 次。用于辅助治疗肝病、黄疸型肝炎或无黄疸型肝炎。

民间小经验：芝麻蜜、枸杞蜜、椿树蜜、菊花蜜、五味子蜜、野坝子蜜、苦参蜜和桶养土蜂蜜对肝脏更好。

26. 结核病患者怎样吃蜂蜜？

蜂蜜辅助治疗肺结核方Ⅰ 每天口服蜂蜜 50~75 克加牛奶 225~450 克。有助于结核病症状减轻，使患者血红蛋白增加和血沉降低。

蜂蜜辅助治疗肺结核方Ⅱ（丸剂） 蜂蜜 6 克、姜汁 5 克、花粉 10 克、蜂胶 2 克、蜂王浆 2 克、鲜（或淡干）雄蜂蛹 5 克、杏仁 5 克。蜂蜜加姜汁炼至滴入冷水中的蜜珠不散为止；花粉烘干、粉碎，过 60 目筛；蜂胶冷冻、粉碎，过 60 目筛；雄蜂蛹加蜂王浆在捣碎机中搅拌混合；杏仁水煮 60 分钟，去皮，烘干，粉碎。将上述处理后的原料依次加入蜂蜜中搅拌均匀，制成蜜丸，蜡纸包裹，用无毒塑料袋盛装，冷藏备用。每天 35 克，早晚嚼食。

民间小经验：以上使用枇杷蜜、野藿香蜜、黄连蜜、枸杞蜜和山花蜜为佳。

27. 心脏病患者怎样吃蜂蜜？

心脏病患者每天 75 克蜂蜜，冲泡茶水饮用，1~2 个月内，病情可得到改善。

　　民间小经验：蜂蜜有扩张冠状动脉和营养心肌的效果，改善心肌功能，对血压也有调节作用。

28. 食用蜂蜜会长胖吗？

　　蜂蜜的主要成分是果糖和葡萄糖，所含的微量物质具有调节微循环作用，因此，适量食用蜂蜜不会使人发福，反而可以利用蜂蜜减肥（图 2-35）。

　　蜂蜜减肥膏　山楂 500 克洗净去核，加适量水煮熟（烂），待汁液将干时加入蜂蜜 200克，文火煎至汁稠时止。每天早晚各服用 25~50 克，具有活血化滞、消脂减肥作用。

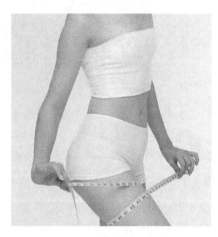

图 2-35　蜂蜜与减肥

　　蜂蜜减肥茶　绿茶 1~1.5 克，加开水 250 毫升，浸泡 15 分钟左右，加入蜂蜜 25 克饮用。具有提神、消除疲劳和减肥效果。

　　蜜葚减肥茶　蜂蜜 50 克，桑葚 50 克。将桑葚清洗，加水后煎熬 20 分钟，榨取汤汁，加蜂蜜再煮沸 10 分钟，置于瓶子中备用。每天 1 剂，饮用。润肺止咳，解渴利尿，具有美容减肥作用。

29. 烤鸭、红烧肉怎样用蜂蜜？

　　不少佳肴名点，都使用蜂蜜上色，譬如在烤鸭、烧鸡和蛋糕等的表面涂上蜂蜜,可使其色泽明亮、口感鲜嫩,刺激人们的食欲(图2-36),且不易变干发霉;用蜂蜜做的红烧肉、拔丝山药也颇有风味。烹饪食谱中有蜜汁甲鱼、蜜汁火腿、蜜汁排骨等名菜。

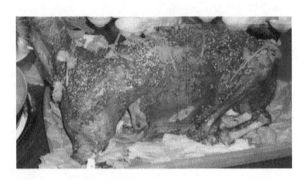

图2-36 鲜嫩可口的蜂蜜烤全羊

30. 蜂蜜有"生"、"熟"之分吗?

在养蜂生产中,成熟蜂蜜是指经过蜜蜂充分酿造后生产出来的蜂蜜,含水量低,蔗糖转化率高,营养价值高,气味纯正,甘甜可口,观感好,保质期长。一般浓度在41波美度 ① 以上的蜂蜜,在常温下可保存18个月不变质,可视为成熟蜂蜜。

不成熟(夹生)蜂蜜则是指没有经过蜜蜂充分酿造就生产出来的蜂蜜(早产),有含水量高、蔗糖转化率低、营养价值差、风味轻淡、易发酵变质、不宜保存等先天不足的品质缺陷。

民间小经验:上述蜂蜜的生熟,如同水果的生熟,营养风味差异较大。

---

① 波美度为非法定计量单位,但生产中常用,故本书中仍保留。41波美度的蜂蜜含水量21.2%。

在蜂蜜应用中，未经过炼制的成熟蜂蜜和不成熟蜂蜜都叫做生蜜，性凉，用于清热祛火和保健等；而经过炼制的才是熟蜜，性温，用于感冒咳嗽等疾病的治疗。

民间小经验：体虚之人用熟蜜，平日保健用生蜜。凡中成药、汤药使用蜂蜜都需要炼制。

31. 蜂蜜有"土"、"洋"之分吗？

蜂蜜没有"土"、"洋"之分。但在我国，由于历史的原因，人们习惯把从外国来的东西都叫"洋货"。蜜蜂也不例外，"洋"蜜蜂——西方蜜蜂生产了"洋"蜂蜜，而"土"蜜蜂——中华蜜蜂（俗称土蜂）生产的就成了"土"蜂蜜。

一般"土"（中）蜂蜜比"洋"（意）蜂蜜的酸味较大。

蜂蜜品质植物定：蜂蜜的成分、品质和应用价值与蜜蜂所采集的植物种类、成熟与否有关，而与蜂种关系不大。例如，在河南省济源市黄楝树林场，无论是意蜂还是中蜂，生产的蜂蜜都特别香，这是由产生这种蜂蜜的特定植物决定的，并非蜂种所致。

32. 何谓白蜜、木蜜、土蜜、岩蜜？

陶弘景著《神农本草经集注》，将蜂蜜区分为高山岩石间采集的石蜜（即岩蜜，图 2-37）、树木蜂巢所作木蜜、土中蜂巢所作土蜜，以及家养蜜蜂所产白蜜四种。四种蜂蜜，以白蜜品质为佳。

图 2-37　岩蜜（引自《科学博览》）

　　民间小经验：石蜜软而不坚，刀叉可切；假石蜜硬如砖石，仅锤碎之。

33. 怎样制作蜂蜜保健饮料？

　　将水果或蔬菜榨取汁液，添加蜂蜜饮用，达到营养、美食、美容和保健的目的。

　　蜂蜜渍草莓　取新鲜草莓 200 克，浇上蜂蜜生食。或榨汁后用蜂蜜调服。具有护肤养颜、增加食欲和补血通便的作用，老人食用可延缓皮肤衰老，降低胆固醇，延年益寿。

　　蜂蜜葡萄汁　葡萄 10 枚榨汁，蜂蜜 20 克，加冰水冲服。可使肌肉丰满、皮肤白嫩和细腻。

　　蜂蜜番茄汁　番茄榨汁 90 克，加入蜂蜜 10 克，每天饮用 1 次。能够增加食欲，提高精力，防治贫血。

34. 怎样用蜂蜜酿酒和造醋？

　　强力蜂蜜酒　酒曲 1 份，加入 2% 的蜂蜜水溶液 10 份，28℃环境下活化 24 小时。蜂蜜 1 份，加水 2.5~3 份，煮沸 5 分钟，装

陶罐中至80%，冷却到30℃。先添
加氮（尿素）和磷盐（磷酸铵）各
0.1‰~0.2‰于罐中（先用水溶解），
再加入菌种（酒曲）液2%~10%，
搅拌均匀，盖上盖子，置于25℃发
酵7天左右，澄清7天左右，取上
清液，巴氏消毒法灭菌，最后置清
洁的陶罐中存放6个月即成（图
2-38）。每天饮用50毫升，对高血压、
脑血栓、失眠健忘和精神不振都
有益。

野葡萄蜜酒　色变紫的葡萄
10份，捣碎，蜂蜜3~4份，置于陶

图2-38　自制蜂蜜酒

缸中混合陈酿。

蜜月的伴侣：蜂蜜酒是一些
西方国家新婚夫妻度蜜月的必备
饮料。

强力蜂蜜醋　在强力蜂蜜酒加工
过程中，于酒精发酵结束时加入醋酸
菌种子液10%，32℃发酵45天，取
上清液，过滤，灭菌，然后陈酿6个
月（图2-39）。每天取出25毫升，加
入10%的蜂蜜水溶液200毫升饮用，
具有养颜开胃、强筋暖骨、温通经脉、

图2-39　蜂蜜醋

降低血脂和软化血管作用。

民间小经验：番茄打浆去皮，加 1 ～ 2 匙蜂蜜醋，再加少许柠檬汁和蜂蜜，搅匀，既美味又富营养。

35. 古人是如何评价蜂蜜的？

伟大诗人郭璞作《蜜蜂赋》对蜂蜜的评价："散似甘露，凝如割肪，冰鲜玉润，髓滑兰香，穷味之美，极甜之长，百药须之以谐和，扁鹊得之而术良，灵娥御之以艳颜"。

百岁名医甄权在《药性论》中阐述蜂蜜的功效："常服面如花红"、"神仙方中甚贵此物"。

著名医学家李时珍（图 2-40）《本草纲目》记载蜂蜜"入药功

图 2-40　李时珍

效有五：清热也，补中也，解毒也，润燥也，止痛也"、"蜂蜜生凉熟温，不冷不燥。得中和之气，故十二脏腑之病，罔不宜之"。

《神农本草经》记载蜂蜜"味甘、平，主心腹邪气、诸惊痫痉、安五脏诸不足，益气补中、止痛解毒，除众病、和百药，久服强志轻身、不饥不老"。

第 3 章

蜜蜂的礼物之蜂王浆

　　蜂王浆是蜜蜂生命的精华，被誉为长寿之"灵丹妙药"。进入21世纪，我国每年生产蜂王浆约 4000 吨，一半供出口贸易，一半供国内消费。中国是世界上蜂王浆的主要产地，也是世界上消费蜂王浆最多的国家，其中南京市是全国乃至世界蜂王浆（冻干粉）消费量最高的城市，武汉市是国内鲜蜂王浆消费量最多的城市。

　　蜂王浆具有降血压、降血糖、降血脂的作用；同时能抗衰老、抗风湿、抗辐射、抗氧化、抗疲劳、抗贫血；具有增强免疫力，提升肠胃、肝肾、呼吸、运动、生殖、分泌腺、心血管功能的作用。

1. 什么是蜂王浆？

　　蜂王浆是工蜂食用蜂蜜和蜂粮后经舌腺和上颚腺转化、合成的，用于饲喂蜂王和蜂幼虫的乳白色、淡黄色或浅橙色浆状物质。

蜂王浆与蜜蜂寿命：
1 粒受精卵，如果投生在口朝下、圆坛形的巢房中，其孵化成幼虫后，就终生吃蜂王

图 3-1　蜂王幼虫有吃不完的蜂王浆
（引自日本岐阜株式会社）

浆（图3-1），总共只需要16天就长成性器官完全的蜂王。体躯大小是工蜂的2倍，每天产卵1800粒，寿命3~5年。

1粒受精卵，如果投生在向上斜、棱柱体的巢房中，其孵化成幼虫后，就只能吃到3天蜂王浆，需要经过21天长成性器官不完全的工蜂。体躯大小是蜂王的1/2，只劳动，不产卵。在繁殖期，正常寿命30天（既采蜜又分泌蜂王浆）左右；而没有蜂子（只采蜜不分泌蜂王浆）的蜂群，工蜂能活到60天；在越冬期（既不分泌蜂王浆，也不采蜜），其寿命长达180天左右。

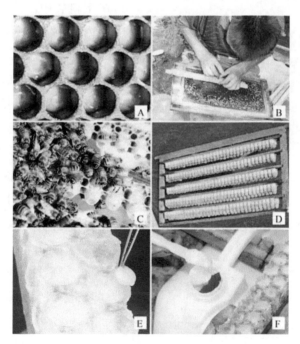

图3-2　蜂王浆的生产工序（张中印 叶振生 龚一飞摄）
A. 培育幼虫；B. 移虫；C. 引诱哺育；D. 提取浆框；E. 捡拾幼虫；F. 挖浆

2. 如何生产蜂王浆？

生产蜂王浆的工序繁杂，需要经过伪造和引诱程序，即：仿造王台 → 安装浆框 → 移虫 → 引诱哺育 → 提出浆框 → 割除房壁 → 捡拾幼虫 → 挖取王浆等工作（图 3-2）。

3. 怎样保存蜂王浆？

图 3-3　冷冻状态的蜂王浆

用无毒塑料袋和盒（瓶）盛装蜂王浆，先将蜂王浆密封在塑料袋中，然后置于塑料瓶内，旋紧瓶盖，避光保存。一般情况下，蜂王浆在 -5℃ 以下可较长时间保存，在 -18℃ 以下保质期可达 24 个月（图 3-3）。

蜂王浆在生产收购和销售的过程中，短期存放温度不得高于 4℃，密封包装的可在常温下 24 小时内销售、运输，但应防止温度急剧变化。

　　民间小经验：将蜂王浆与蜂蜜充分混合，可在常温下暂时贮藏，应及时食用。

4. 蜂王浆有哪些种类？

我国蜂王浆由意大利蜂生产，按工蜂制浆时的主要食物——蜜源植物来分类，有油菜浆、荆条浆、刺槐浆、紫云英浆、荞麦浆、椴树浆、葵花浆、茶花浆、芝麻浆和杂花浆等。

图3-4　蜂王浆

分离浆与王台王浆：蜂王浆一般是从多个王台中取出装瓶出售的——分离浆（图3-4），少部分把蜂王浆留在王台中连同王台论个一起出售和消费的——王台王浆（图3-5）。分离浆与王台王浆的区分，类似于分离蜜与巢蜜的差别。

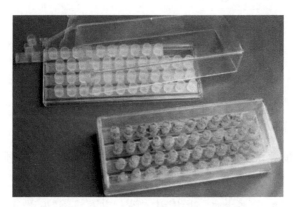

图3-5　王台王浆（孙士尧 摄）

5. 蜂王浆有哪些成分？

蜂王浆的基本组成约为：水分67.5%，癸烯酸2%，蛋白质和氨基酸13.5%，总糖12.5%，灰分1%，不明物质2.5%，其他微量

物质（如牛磺酸、核苷酸、维生素、矿物质、酶类、激素、肽类、蝶呤和腮腺素样物质等）1%（图3-6）。

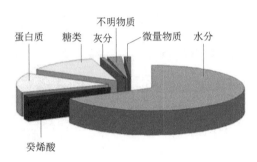

图 3-6　蜂王浆的成分

王浆成分有差异：影响蜂王浆成分的因素主要是蜂种、蜜源植物、幼虫日龄和蜂群大小，其特色成分是癸烯酸。

6. 蜂王浆有哪些性质？

新鲜的蜂王浆是黏稠的浆状物，多呈朵块状，有光泽感。颜色以乳白色为主，个别的呈淡黄色或微红色，具辛香气。味道复杂，有明显的酸、涩、辛辣和甜味感，以酸、辣为主，对上颚和咽喉有刺激感。

蜂王浆部分溶于水，形成悬浊液，并有沉淀物；部分溶于乙醇，并产生白色混浊物，久置分层。

蜂王浆对热敏感，对铁有腐蚀作用，光照使蜂王浆中的醛基和酮基还原，空气使蜂王浆氧化，水蒸气对蜂王浆有水解作用，也怕酸、碱和微生物的分解。

7. 蜂王浆有哪些用途？

蜜蜂食物 蜂王浆又称蜂乳，即蜂王浆是用来饲喂蜂王和蜜蜂小幼虫的乳。

人类养生保健 促进生长，延缓衰老，强肾，养颜，益肝健脾，提高免疫，增强体质，调节机体，抗菌消炎，抵御辐射，增进食欲，改善睡眠。

疾病辅助治疗 糖尿病、高血压、癌症、肝病、肾病、肺病、贫血、外伤、痤疮、褐斑、糠疹、风湿、失眠、胃炎、动脉硬化、神经衰弱、病后虚弱、不孕不育、性功能低、老年痴呆、骨质疏松、辐射疾病、疲劳综合征、更年期障碍、儿童营养不良和白细胞减少症等。

　　民间小经验：蜂王浆也可作动物的饮食添加剂，如甲鱼，可提高其产卵率，增加产卵时间。

8. 蜂王浆有哪些用法？

含服 将蜂王浆置于舌下或口中，慢慢溶化吞咽。

送服 将蜂王浆置于口中，用温开水送服。

冲饮 将蜂蜜与蜂王浆按一定比例（9 : 1 或 4 : 1）混合，再加入温开水中饮用。

按摩 将蜂王浆敷在面部、腹部或腿部进行按摩，可美容、调节内分泌和减轻更年期障碍。

　　食用王浆亦有量：成人保健用量以每日 2~4 克为宜，蜂王浆冻干粉（图 3-7）1.5 克相当于鲜蜂王浆 4.5 克；治疗用

图 3-7　蜂王浆冻干粉

量每日 10 克，对
于癌症和垂危病
人每日可达 30 克。
蜂王浆冻干粉、蜂
王浆胶囊，方便携
带和食用。

**9. 怎样辨别蜂
王浆的真假？**

纯洁的鲜蜂王浆呈半透明的乳浆状、半流体，稀、稠相间，朵块（俗称"浆花"）明显（图 3-8），不含幼虫、蜡屑等杂质，无气泡。乳白色、淡黄色或微红色，有花蜜或花粉香味和辛香气，香气浓而纯正，有明显的酸、涩、辛辣和甜味感，以酸、辣为主。手感细腻，有小结晶体感，稍有黏性。冻结的蜂王浆颜色微黄，手感有颗粒感（为 10-HDA 的晶体，即癸烯酸）。

伪品或腐败变质的蜂王浆，色暗或苍白，无光泽，有气泡和膨胀，或有馊气、臭气、奶味、柠檬酸和滑石粉味，或甜味大。如果挤压浆瓶边缘溢水，则是加水的表现；手感过黏或粗糙，颗粒不易搓化，可能混入淀粉或玉米面。如果口感平淡，

图 3-8　新产状态下的蜂王浆

手感滑润（无颗粒感），表明蜂王浆已经被过滤失效。

10. 怎样判定蜂王浆的优劣？

蜂王浆的品质与生产时期的蜜源植物及生产技术有关系，一般来说，蜜粉丰富，生产的蜂王浆品质就好；蜜粉匮乏或通过饲喂，生产的蜂王浆品质低劣。

优质蜂王浆：①有光泽；②乳白色或淡黄色；③乳浆状；④稀、稠相间；⑤无杂质；⑥无气泡；⑦冻结后色泽微黄；⑧花蜜或花粉的香味和辛香味浓郁；⑨对上颚和咽喉的酸、辣味明显。

变质蜂王浆：容器口长出毛霉，伴有恶臭气味，或馊酸味强烈，颜色变浑、发暗、灰黄或上下颜色不一致，有气泡，或有苦味。

劣质蜂王浆：浓度过稠或过稀，口感平淡，有杂质或气泡。

11. 蜂王浆的癸烯酸是怎么回事？

10-羟基 -Δ^2-癸烯酸，简称癸烯酸（10-HDA），是蜂王浆的特有成分，一般含量在 1.4%~3.0%，占脂肪酸总量的 50% 左右。蜂王浆的气味、pH 与它有关，具有抗菌、抗癌和抗辐射作用。癸烯酸的含量高低，是蜂王浆品质优劣的重要指标之一。

癸烯酸结晶与测定：蜂王浆经过冷冻或较长时间贮存，癸烯酸会结晶，并可用滤网将其过滤出来。纯癸烯酸呈白色晶体，被取出癸烯酸的蜂王浆，气味减弱，口感平淡，价值很低，被称为假蜂王浆、缺失浆。

10-羟基-Δ^2-癸烯酸的测定以高效液相色谱仪方法为准，测定结果不得低于 1.4%。

12. 购买蜂王浆应注意哪些事项？

购买蜂王浆 一是纯正，二是新鲜，三是卫生，四是不得过滤。另外，同一蜜源花期，以蜜生产为主的蜜王型蜂群比以浆生产为主的浆王型蜂群，蜂王浆癸烯酸含量相对较高，蜜源花期生产的比喂糖喂粉生产的蜂王浆品质要好。通常，春季浆比夏季浆好，夏季浆优于秋季浆。

买蜂王浆制品 如蜂王浆冻干粉、蜂王浆片、蜂王浆硬胶囊等，主要看一是蜂王浆含量，二是癸烯酸含量，三是制品的味道。

民间小经验：无论是蜂王浆，还是蜂王浆制品，在购买时主要通过感官判断其质量。购买者除掌握一定的蜂王浆知识外，最好向信誉好的蜂场、蜂产品商店或公司购买，包装上的各项标志应符合规定，生产厂商和销售者的通信地址应清楚无误，保留商品发票，一旦有问题也好及时沟通解决。

13. 如何配制蜂王浆蜜？

蜂王浆 100 克，蜂蜜（41 波美度以上）900 克，或蜂王浆 100 克，蜂蜜 400 克。加工方法和工序如图 3-9 所示。

食用小验方：取王浆蜜（图 3-10）20 克，兑 200 克 50℃左右的温开水，搅拌均匀后饮用。如果再加入蜂蜜醋或食醋 2 克，可调节血压，增强体力，延缓衰老。

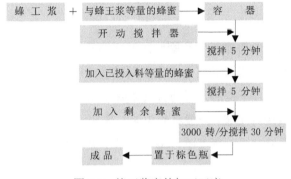

图 3-9　蜂王浆蜜的加工工序

14．吃蜂王浆有禁忌吗？

蜂王浆既是天然滋补品，又是药品，在正常使用范围内是安全的。

蜂王浆确有促进生长发育、生殖和美容的效果，但生长发育正常的儿童无需食用蜂王浆。

个别人对蜂王浆有过敏反应，表现为食用蜂王浆后出现哮喘、荨麻疹、流鼻血、胃痛和腹泻等症状，停止使用即可恢复正常。

另外，蜂王浆性温，有个别人（如

图 3-10　蜂王浆蜜

阴虚火旺体质）或使用剂量大者，会出现上火现象，如口干、目赤、燥热等，减小用量或同时食用蜂蜜，有助于火气的消除。

民间小经验：超大剂量服用蜂王浆，会引起脱发。

15. 儿童能吃蜂王浆吗？

蜂王浆中含有氨基酸和腮腺激素样物质，能够促进儿童生长发育，吃蜂王浆还能够提高免疫力，所以，免疫力差、易感冒、体质弱、营养或发育不良的儿童适宜食用蜂王浆。

儿童食用蜂王浆，一般将蜂王浆与蜂蜜混合，加工成蜂王浆蜜，可加水饮用或拿馒头蘸着吃，每日用量 1 克左右。

民间小经验：蜂王浆中含有性激素，故不建议 15 周岁以下的健康儿童食用。

16. 孕妇能吃蜂王浆吗？

孕妇可以吃蜂王浆，用以补充营养，促进代谢，提高免疫力，预防和治疗孕期胎儿营养不良，促进胎儿生长发育。蜂王浆中的牛磺酸、泛酸和氨基酸对婴儿的生长发育有促进作用，婴儿出生后聪明，抗病力强、不容易感冒。孕妇产后食用蜂王浆可以很快恢复体质。2002 年，《中国妇女报》刊登《育花使者蜂王浆》，介绍食用蜂王浆而怀孕生子的经验（图 3-11）。

图 3-11　蜂王浆与孕妇保健
（引自 cn.yimg.com）

民间小经验：每天食用量以 1 克左右为宜，怀孕期内总量不超过 250 克。与蜂蜜一起加入温开水、牛奶、豆浆、鸡蛋羹或果汁中饮用都可以。

17. 老人怎样吃蜂王浆？

蜂王浆 2~4 克，蜂蜜 20~25 克，温开水 200~250 毫升，混合饮用。口中含服蜂王浆或蜂王浆片剂。

科学与经验： 蜂王浆中含有丙种球蛋白、氨基酸、泛酸、吡多醇、维生素、微量元素、脂肪酸、酶、核酸、乙酰胆碱、牛磺酸和激素等多种生理活性物质，老人常吃蜂王浆，能够健脑长寿，预防阿尔茨海默症（老年痴呆）、骨质疏松、动脉硬化、脑血栓和心肌梗死，改善性生活。表现在老人服用蜂王浆后，休息好，食欲好，血压正常，体质增强，气色好转，精力旺盛，老年斑减少或消失。有些停经数年的妇女，在食用蜂王浆后出现月经再来的情况。

18. 青年人怎样吃蜂王浆？

按常规食用，也可服用蜂王浆胶囊、蜂王浆含片等蜂王浆制品（图 3-12）。

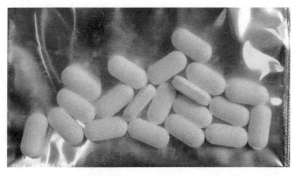

图 3-12　蜂王浆片——携带、食用都很方便

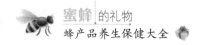

蜂王浆含有癸烯酸、腮腺样物质和性激素等成分，具有保持青春，延缓衰老的作用，以及加强性功能、提高性生活质量，调节内分泌，推迟更年期和减轻更年期综合征，预防骨质疏松，治疗亚健康等。更可贵的是，天天食用蜂王浆，可以有效地预防癌症发生。另外，蜂王浆对男女不孕不育、高血压、高血脂、冠心病和动脉硬化等疾病都有一定的辅助治疗作用。

19. 吃蜂王浆能长寿吗？

蜂王浆是蜜蜂生命的精华，真正的"琼浆玉液"。同是受精卵，在孵化成幼虫后仅吃 3 天蜂王浆的，再需要 18 天才长成工蜂，一生劳作，不能正常生育，寿命 28~240 天，而孵化后终生吃蜂王浆的，仅 13 天就长成蜂王，一生产卵，寿命 1080~1800 天。

实践证明，蜂王浆能促进新陈代谢和组织再生，抗氧化、抗辐射和抗菌消炎，提高免疫功能，调节内分泌，清除自由基，补充核酸和激素。常吃蜂王浆，既焕发青春活力，又延长寿命，被誉为"青春魔液"。

民间小经验：坚持服用蜂王浆，养成良好的生活习惯和健康的心态，便可有望实现人活百岁的梦想。

20. 蜂王浆美容有何秘诀？

蜂王浆中的癸烯酸、γ球蛋白、多肽类、牛磺酸、核酸和激素等，具有调节机体新陈代谢、改善微血管循环、提高肝脏功能、增强体质、延缓衰老、辐射防护、抗炎和杀菌的作用，是"秀外先养内"和"美容先强身"的体健貌端的关键。食可以健康，抹也能美容。

民间小经验：蜂王浆按摩膏：鲜王浆 100 克，蜂蜜 100 克，蜂花粉 25 克（破壁、磨碎），柠檬 1 个榨汁，混合均匀，敷在面部、颈部和胸等处，边敷边按摩（拍打），然后用湿毛巾擦拭干净。能使皮肤美白、红润、光滑并有光泽，具有抗晒、防冻、防裂、保湿功效。对青春痘（粉刺、痤疮）、雀斑、黄褐斑、色素沉着和面部糠疹有效。

每天早晚空腹口服或含服蜂王浆 2~4 克，或蜂王浆片、蜂王浆粉 1~1.5 克，亦可达到健康美容的效果。

21. 蜂王浆能治疗外伤吗？

蜂王浆具有很强的抗菌、消炎和促进组织再生作用，对肝脏组织、肾脏组织、神经组织、肌肉组织和表皮组织等的损伤具有很好的治疗作用，内服和外用都有良好效果。

外伤 皮肤擦伤、冻疮、溃疡、切割伤、跌伤和烫伤，先把受伤处用生理盐水清洗（受伤处皮肤完整的地方则可以用 75% 乙醇消毒）干净，然后敷上蜂王浆或蜂王浆冻干粉，并用纱布包扎（图 3-13）。每日 2~3 次，一星期左右可以康复。

脚气 用温水泡脚，

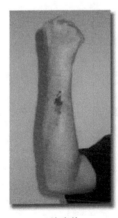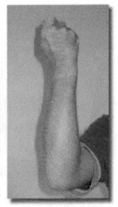

治疗前　　　　治疗后

图 3-13　用蜂蜜和蜂王浆治疗伤口
（引自 www.maggiessecret.com.au）

再用蜂王浆涂抹、按摩患部至有涩感为止，1 日 2 次。

另外，蜂王浆对红斑狼疮和银屑病也有一定的疗效。

口含蜂王浆，对复发性口疮治愈率达 70%，对口腔黏膜扁平苔藓有效率达 90%。

22. 肝病患者如何服用蜂王浆？

每天食用蜂王浆 10 克，蜂蜜 50 克。另外还可以加服蜂胶 2 克左右，花粉 20 克左右。

科学与经验：蜂王浆中的癸烯酸、丙种球蛋白和肽类物质，以及超氧化物歧化酶、过氧化氢酶、谷胱甘肽过氧化氢酶、硒、维生素 C 和维生素 E 等，对肝脏损伤修复、肝脏细胞生长、肝脏的解毒能力、肝脏营养和免疫功能等方面都有良好作用。临床上，蜂王浆用于肝硬化、慢性肝炎、急性传染性肝炎和黄疸传染性肝炎的辅助治疗。同时，临床实践表明，蜂王浆对肾衰也有辅助治疗作用。

23. 癌症患者如何服用蜂王浆？

每天清晨服用蜂王浆 25 克左右、蜂蜜 25 克，加服蜂胶 2 克和花粉 25 克，有益于术后患者病情的改善，提高自身免疫力。

小资料：蜂王浆中的癸烯酸、α-壬烯双酸和癸二酸具有抗癌、抗菌和消炎作用，牛磺酸、超氧化物歧化酶、微量元素，以及维生素等有提高免疫力和抗放射和化疗效果。

临床上，用蜂王浆辅助治疗胃癌、肺癌、脑癌、白血病、乳腺癌和食管癌，对早期患者效果更好，晚期患者可延长生命。但蜂王浆对快速生长的肿瘤如白血病 L1210 和 P388 无效。预防比治疗更加有效。

24. 糖尿病患者如何服用蜂王浆？

每天口服蜂王浆 5~10 克，加服蜂胶 2 克。

蜂王浆中的胰岛素样肽类、铬元素、乙酰胆碱是降低血糖的有效成分。

促性腺激素具有激发肾上腺皮质兴奋、促进肾上腺分泌固醇类激素，胰岛素样肽类，镁、锌、镍和钙元素等，能修复受损器官，促进胰岛素分泌，调节血糖代谢，对糖尿病及其并发症有辅助治疗作用。

用蜂王浆能够加强骨髓、胸腺、脾脏和淋巴细胞等功能，提高免疫力，对控制糖尿病并发症有良好作用。

25. 亚健康人群如何服用蜂王浆？

每天食用蜂王浆 5~10 克，与蜂蜜、蜂花粉和蜂胶配合，效果更好。

小资料：亚健康又称疲劳综合征（图3-14）。蜂王浆营养丰富，其中的维生素、微量元素、氨基酸和生物活性物质，能提高免疫

图 3-14　白领是亚健康的高危人群

力，增进机体细胞活力和促进组织再生有积极作用，并有效地调节机体的代谢功能。

蜂王浆中的核苷酸、类胰岛素（活性多肽）、γ球蛋白等，作为抗原进入人体，可刺激机体产生大量抗体，加强了体液免疫功能。蜂王浆中的酶和辅酶、类固醇激素等，以及锌、镁、铜、铁、锰、硒、钴多种微量元素，增强人体新陈代谢，调节消化系统和神经系统等的平衡，因而食欲好、休息好，疲劳得以消除，精神焕发，使亚健康向健康方向转化。

第 *4* 章

蜜蜂的礼物之蜂花粉

花粉是植物生命的源泉，为天然维生素和矿物质的宝库，而且高度浓缩。蜂花粉被用作滋补身体、强健脑力、助长儿童发育、可以食用的美容剂和治疗多种疾病而风靡全球，被营养界、医学界、美容界推崇为保健、祛病、美容的天然珍品。据不完全统计，全国每年生产蜂花粉约 10 000 吨，其中油菜蜂花粉约 1000 吨，基本用于制药，茶花、五味子、荷花等蜂花粉被直接食用，约 5000 吨作为蜜蜂饲料，近 2000 吨用于出口贸易。

1. 什么是蜂花粉？

蜂花粉是蜜蜂采集被子植物雄蕊花药或裸子植物小孢子囊内的花粉细胞形成的团粒状物。

图 4-1　蜜蜂采集植物花粉

当植物开花花粉粒成熟时，花药裂开，散出花粉。蜜蜂飞向盛开的鲜花，拥抱花蕊，在花丛中"跌打滚爬"，用全身的绒毛黏附花粉，然后飞起来用 3 对足将花粉粒收集并混合花蜜和唾液，堆积在后足花粉篮中，形成球状物（图 4-1）。

小资料：工蜂每次收集花粉约访梨花 84 朵、蒲公英花 100 朵，历时 10 分钟左右，获得 12~29 毫克花粉。

2. 如何生产蜂花粉？

花粉生产须有植物开花散粉、5 框蜂以上的蜂群、脱粉工具以及合理的蜂群管理措施。蜂花粉的生产方法和工序如图 4-2，图 4-3 所示。

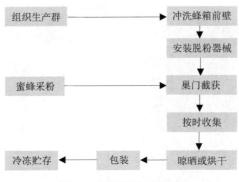

图 4-2　蜂花粉生产工序

图 4-3　蜂花粉生产时刻

3. 怎样保存蜂花粉?

蜂花粉短期临时存放(不能超过 6 个月),应经过干燥和双层塑料袋密封处理后置于阴凉干燥处;长期贮存温度须在 -5℃ 以下,保持蜂花粉的颜色、味道和成分不变。

市售蜂花粉须用双层食品塑料袋或专用瓶定量密封包装,标明蜂花粉的名称、净重、等级、产地、生产和经营单位、包装日期和检验员姓名以及必要的影响质量安全的防范标记(图 4-4)。

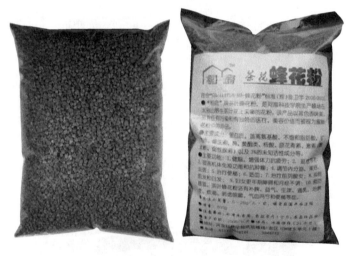

图 4-4 蜂花粉的零售包装之一——袋装茶花粉

科学与经验:在常温下贮藏,蜂花粉中的维生素、黄酮类物质、氨基酸和 H_2O_2 等的含量逐渐下降,有些种类的花粉颜色会加深,茶花粉的颜色则会变浅,直至灰白色,味道除酸味加重外,还有不良的馊味,品质变低劣。

🐝 4. 蜂花粉有哪些种类?

蜂花粉有单一植物蜂花粉（纯蜂花粉）和多种植物蜂花粉（即百花蜂花粉或杂花蜂花粉）（图4-5，图4-6）。我国市面上出售较多的花粉有：油菜蜂花粉、芝麻蜂花粉、西瓜蜂花粉、茶花蜂花粉、荷花蜂花粉、荞麦蜂花粉、五味子蜂花粉、玉米蜂花粉、罂粟蜂花粉、野皂荚蜂花粉，以及百花蜂花粉等。

图4-5　单一植物——蓼草蜂花粉

图4-6　多种植物——百花蜂花粉

人工采花粉：在松树或玉米开花季节，利用人工收集的花粉称为松树花粉或玉米花粉，其数量可观。人工搜集的花粉与蜜蜂采集的蜂花粉除形状不同外，还有营养学上的差异。

🐝 5. 蜂花粉有哪些成分?

蜂花粉成分复杂，包含了植物所有遗传信息和生长必须物质，

主要成分如图 4-7 所示。

（1）水：8%。

（2）蛋白质和氨基酸 25%。

（3）糖类 22.5%：葡萄糖、果糖、蔗糖和半纤维素等。

（4）矿物质 2.5%：钙、钾、钠、锌、铜、铁、硒等。

（5）脂类 12.5%：亚油酸、亚麻酸和花生四烯酸、脑磷脂、卵磷脂、糖脂、固醇脂、芳香油及有机酸等。

（6）木质素 12%。

（7）活性物质 7.5%：15 种维生素、黄酮类化合物、80 多种酶、促性腺激素、生长素、赤霉素、乙烯、芸薹素、核酸、牛磺酸和有机酸等。

（8）未明物质 10%。

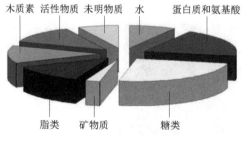

图 4-7　蜂花粉的成分

🐝 6. 蜂花粉有哪些性质？

蜂花粉多呈不规则的扁圆形，有工蜂后足镶嵌的痕迹，直径 2.5~3.5 毫米，重量约 12.5 毫克。

蜂花粉颜色与植物有关，五颜六色（图 4-8）。

蜂花粉具有特殊的辛香气息，味道各异，多有苦涩味。比如荞麦蜂花粉有微臭气息，味甜；油菜蜂花粉芳香，但味稍苦涩；野皂荚、杏和五味子蜂花粉香气扑鼻，味道香甜可口；荷花和茶花蜂花粉味甜清香；芝麻蜂花粉味微甜、苦并辣喉；桐树、相思树蜂花粉则苦涩难咽。

图 4-8 五颜六色的蜂花粉

7. 蜂花粉有哪些用途？

蜂花粉能补充营养，增强脑力、体力，消除疲劳，提高免疫功能，延缓衰老，预防感冒和阿尔兹海默症；调节内分泌功能，美容和减轻更年期症状；治疗贫血、便秘和营养不良、智力低下，抵御辐射，预防肿瘤等疾病。

花粉是植物生命的源泉，携带着生命的遗传信息，包含着孕育新生命所需要的各种营养物质和植物生长发育各个阶段所需要的酶

和激素。特点是：营养全面，高度浓缩，特殊专一。

　　小资料：天然食品蜂花粉和蜂蜜，能够提供运动所需要的微量元素、酶，以及对运动后能量恢复有重要作用的生物活性物质，是最佳的运动食品之一。芬兰长跑运动员拉塞·维伦，在第 20 届和第 21 届奥运会上获 5000 米、10 000 米长跑冠军，据报道是服用蜂花粉发挥了一定作用。

8. 蜂花粉有哪些用法？

　　鲜食蜂花粉　可直接嚼食，也可用温开水送服或用蜜调服。保健用量每日 5~15 克；治疗用量，每日 15~25 克。3~5 岁儿童每天 5~8 克，6~12 岁儿童每天 10~15 克。一般早晚空腹食用，有肠胃不适者，饭后 1 小时服用为宜。

　　牛奶花粉蜜　将 20 克破壁花粉、100 克蜂蜜和 200 克煮沸的鲜牛奶混合，装入棕色瓶中，密封贮藏阴凉处。日服 2 次，每次 80 克。适合儿童和各种贫血、便秘患者食用。

　　蜂花粉冲剂　破壁花粉 15 克，蜂蜜 20 克，温开水 200 毫升，每天混合冲服 1 剂。能使皮肤细嫩、光泽、有弹性，减少皱纹，消除黄褐斑。

　　蜂花粉含片　口服或含服皆宜，携带和食用方便（图 4-9）。

图 4-9　蜂花粉片

9. 怎样判定蜂花粉的优劣？

质量好的蜂花粉色泽新鲜、颜色一致（品种纯）、团粒整齐、有蜜蜂后足镶嵌的痕迹和浓厚的天然辛香气息，无杂质、无异味、无虫蛀、无霉变、不碜牙、干燥，直径 2.5~3.5 毫米，大小基本一致。香气浓，味道好。

质量差的蜂花粉色泽暗淡、颜色不一，团粒小而圆，味苦涩或碜牙。长期贮存的茶叶花粉会褪色，并产生酸味和苦味。霉变的蜂花粉无香味或有一股难闻的气味，甚至有恶臭气味，长期贮藏的香气淡，有酸气和馊味。

民间小经验：经过烘烤的蜂花粉无效，甚至有害。

10. 不同蜂花粉各有何功效？

来自不同植物的蜂花粉，其色、香、味、成分和功效都有差异，如罂粟花粉中含有蒂巴因（一种异喹啉生物碱），其他花粉则没有。

（1）油菜蜂花粉　全国各地都有产量，以甘肃、青海为主，7~8 月生产。花粉黄色，粒大整齐（图4-10），较香甜。能抗动脉

图 4-10　油菜蜂花粉

硬化和辐射，降低胆固醇，辅助治疗静脉曲张性溃疡、前列腺疾病及便秘等，为"前列康片"的主要原料。

（2）芝麻蜂花粉　主产地在河南驻马店、周口、南阳等地区，生产期7月下旬~8月。芝麻花粉湿时粉白色、味甜，干后暗红（咖啡）色、味苦涩。具有补肝肾、乌须发、通便润燥、抗癌作用。

（3）荞麦蜂花粉　主产地为山西、陕西，7~9月生产。荞麦花粉暗黄色，粒大，较甜，气臭味甜。具有补血健脑、保护毛细血管、降低血糖、血脂和软化血管的作用。

（4）西瓜蜂花粉　主产地为河南开封，生产期为6~7月。紫黄色。能清热解暑，外治口舌生疮。

图4-11　蜜蜂采集玉米花粉
（引自 www.beareyes.com）

（5）玉米蜂花粉　主产地河南、河北、东北三省、山东、山西等省，生产期7~8月。玉米花粉浅黄色，粒小，稍有苦涩味（图4-11）。具有利尿、保护肾脏、改善微循环和增强脑力作用，辅助治疗黄疸性肝炎、高血脂和动脉粥样硬化。

（6）荷花蜂花粉（亦称莲藕蜂花粉）　主产地湖南、湖北、江西、河南信阳等地，生产期6~9月。荷花蜂花粉色黄，颗粒易碎，贮藏运输须用桶包装，味道香甜。具有美容养颜、健脾补肾，益于缓解夜寐多梦、妇科疾病。

（7）茶花蜂花粉　主产地浙江、江西、河南信阳，生产期在10月下旬。茶叶花粉棕红色，扁球形，蜂后足镶嵌痕迹不明显（图4-12），味甜。氨基酸、烟酸和微量元素含量高，具有散风清热、美容养颜、改善睡眠和健脑抵御衰老等作用。

（8）虞美人蜂花粉　主产地为甘肃、新疆。虞美人花粉暗灰色，初稍苦涩，后味清香，粒大圆

图4-12　茶花蜂花粉

形（图4-13）。具有镇静安神作用，用于咳嗽、支气管炎和止痛，辅助治疗癌症。

（9）五味子蜂花粉　主产地为甘肃、湖北等省。五味子花粉暗黄色，颗粒整齐，蜜蜂后足镶嵌痕迹明显（图4-14）；味道香甜可口。具有敛肺滋肾、生津敛汗、涩精止泻、宁心安神作用，辅助治疗久咳虚喘和糖尿病。

（10）野皂荚蜂花粉　主产太行山区，荆条开花前期（5月下旬~6月上旬）生产。野皂荚花粉淡黄色，

图4-13　虞美人蜂花粉

图 4-14　五味子蜂花粉

图 4-15　野皂荚蜂花粉

略透青色，粒大（图 4-15），香气浓郁，味道香甜可口。祛痰、通窍，益于中风和咳喘痰多。

图 4-16　杏花蜂花粉

（11）杏花蜂花粉　淡绿色（图 4-16），味道香甜可口，后味略苦。具有排毒养颜、止咳润肺、祛痰、平喘、清泻、减肥等作用。

（12）柳树蜂花粉　金黄色，清热祛痰。

（13）党参蜂花粉　主产地为甘肃，生产期 8~9 月。具有补血益气健脾、促进骨髓细胞再生作用。

（14）荸草蜂花粉　主产地河南、山东、山西、陕西和河北等省，9 月生产。鲜葎草花粉粉白色，粒大，味甜。

（15）益母草蜂花粉　调经活血、散瘀止痛，益于妇科疾病。

（16）板栗蜂花粉　主产区为燕山、沂蒙山、秦岭和大别山等山区及云贵高原，以山东、湖北、河南、河北为主，生产期为5月下旬~6月上旬。板栗花粉黄色，粒大，味道香甜。具有健脾止泻、补肾强筋、活血止血作用。

（17）百里香蜂花粉　主产地为甘肃、青海、山西、河北、内蒙古等省、自治区，花期7~8月。促进血液循环，能明显提高智力，兼有镇咳、抗菌作用。

（18）黄芪蜂花粉　主产地为内蒙古库仑、吉林、辽宁、河北、黑龙江、甘肃、山西等地，花期6~9月。黄芪花粉具有补气固表、止汗利尿、托毒生肌作用。

（19）枣椰蜂花粉　恢复正常生殖机能，防止肌肉萎缩。

（20）松树蜂花粉　主产山西、陕西、湖北等省，山西松树5月开花。松树花粉具有干温无毒，主润心肺。多人工采集。

11. 什么是蜂粮？

蜂粮是由工蜂采集花粉经过唾液、乳酸菌等酿造贮藏在巢房中的固体物质（图4-17），为蜜蜂的蛋白质食物。用纯蜂蜡巢脾生产的蜂粮，可切割成各种形

图4-17　蜂粮

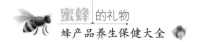
状，进行包装后就可上市销售；使用塑料专用巢脾生产的蜂粮呈六棱柱体；还有用巢蜜盒生产的蜂粮。

12. 如何生产蜂粮？

蜂粮专用蜡质巢脾在培育 2~3 代虫后再用于蜂粮生产，专用塑料巢脾直接用于蜂粮生产。生产工艺见图 4-18。

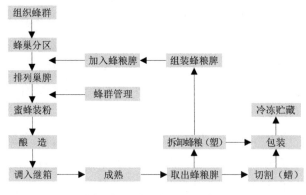

图 4-18　蜂粮生产工艺流程

蜂粮经消毒、灭虫后即可使用无毒塑料袋或盒包装，放在通风、阴凉、干燥处保存，或置于 -5℃ 以下的冷库中贮藏。保存期间要防鼠、防虫，防污染和变质。

13. 蜂粮有何特点？

蜂粮的质量稳定，口感好，卫生指标高于蜂花粉，营养价值优于同种粉源的蜂花粉，易被人体消化吸收，而且不会引起花粉过敏症。

14. 蜂花粉牙碜、味酸是怎么回事？

目前，我国生产蜂花粉的方法为巢门截留、日光晒干（图4-19）。在这个过程中，如果不注意卫生，蜂箱前壁的泥沙和被风吹动的粉尘就会污染蜂花粉，虫子还喜欢光顾，被泥沙污染的蜂花粉碜牙，是蜂花粉不卫生的表现。

图 4-19　晾晒蜂花粉

蜂花粉在常温下贮藏，随着时间的延长，颜色改变（褪色），味道变酸，还有馊味，细菌总数也在增加，这些都是蜂花粉变质的表现。

 15. 花粉、蜂花粉、蜂粮怎么区别？

花粉是高等植物雄性生殖器官——雄蕊花药中产生的生殖细胞，其个体称为花粉粒（图4-20）。花粉粒成熟时，花药裂开，散出花粉。

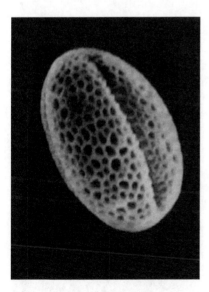

图 4-20　花粉（油菜）
（引自《中国蜜蜂学》）

图 4-21　蜂花粉
（引自 www.genehanson.com）

的概率也在下降。

蜂花粉是蜜蜂采集花粉加工形成的团状物（图 4-21），人们在蜜蜂回巢时将其截留。

蜂粮是蜜蜂将蜂花粉贮藏在巢房中，利用微生物和酶进一步加工后形成的固体物质（图 4-22），其中的花粉壳已经破坏。蜂粮是蜜蜂必需的蛋白质食物。

民间小经验：花粉、蜂花粉和蜂粮，三者的营养价值依次递增，口味还得到改善，使人过敏

16. 破壁蜂花粉有何优点？

花粉壳被破裂称为破壁。破壁花粉更适合儿童、妇女和老人服用，并可配制成饮料和化妆品。但因其内部物质易被氧化和污染，对加工、包装和贮藏要求十分严格。

利用酶、机械、气流和水流等可以使花粉壳破裂，破壁的花粉，外观色泽一致

图 4-22　蜂粮（张少斌摄）

（图4-23），具有典型的蜂花粉风味，含之即化，不碜牙，在手背面敷少量破壁花粉，经过按摩，可被吸收，且无粗糙感。

民间小经验：食用破壁花粉，营养保健每人每天用量为 10~15 克，辅助治疗为 20~25 克，治疗为 30~35 克。与蜂蜜水混合食用。

破壁花粉面膜：破壁玉米蜂花粉和蜂蜜适量，1 个鸡蛋蛋清；加水调和成糊状；敷面部，稍作按摩，30 分钟后用温水洗脸。具有消除黑斑、痤疮、色素斑和蝴蝶斑等功效，使皮肤细嫩光滑。

图 4-23　破壁花粉

图 4-24　花粉蜜

17. 怎样配制蜂花粉蜜？

蜂花粉 1~2 份，蜂蜜 8~9 份。先将蜂花粉烘干粉碎（或破壁），过 80 目筛，加入 60℃ 的蜂蜜中，用搅拌机充分混合，置于棕色瓶中在阴凉处避光保存（图 4-24）。

也可以按上述比例，将花粉直接加入蜂蜜中，用筷子搅拌均匀即成花粉蜜。

民间小经验：每天 50 克蜂花粉蜜，分两次取食，直接口服或冲水饮用，对治疗气虚、血虚、阳虚、阴虚和实证便秘，总有效率达 86.6%。

18. 古人如何评价花粉？

养生 《本草纲目》、《神农本草经》和《新修本草》论证了松树花粉和香蒲花粉的美食和药用价值。《太清草木方》记载有"酒渍桃花，饮之除百疾，益颜色"，李商隐用诗歌扬名了玉米花粉治愈阳痿，孟郊则用词赋表达了花粉治愈头晕和健忘症。

美容 《妆楼记》、《岭表录异》记述了因松树花粉飘落而成名的"美人井"，井边人家多美女。古代有饮此井水而沉鱼落雁之美的绿珠，有食用花粉做的香丸而笑语生香、肌肤柔润的香珠和呵气结成香雾的丽娟，以及"嫩质疑无骨，柔肌信有香"的慈禧。绝代佳人董小宛有食用花粉的记载，《红楼梦》中薛宝钗的"冷香丸"也以花粉为原料做成。

苏东坡用"一斤松花不可少，八两蒲黄切莫炒，槐花杏花各五钱，两斤白蜜一起捣，吃也好，浴也好，红白容颜直到老"的诗歌，歌颂了花粉和蜂蜜美容的方法和效果。

在国外，相传希腊女神搜集向日葵花粉搽皮肤保持美丽的容貌，并饮用向日葵花泡的蜜酒增强健康。在古罗马，花粉属于"神的食品"，被称为"美丽与健康的源泉"。

19. 吃蜂花粉有禁忌吗？

有害蜂花粉 一般情况下，食用蜂花粉是安全的。但是，蜜蜂采集曼陀罗和芫花（有些地方俗称棉花条，花粉味苦）等植物的花粉对人有害，牙碜的、变酸的花粉也不能食用。

蜂花粉过敏　过敏的人不宜应用蜂花粉。花粉具有抗原性以及大量的酶，有个别人对花粉过敏，比如在柳絮纷飞的春天，有人发作性喷嚏、大量流鼻涕（图4-25），鼻、眼、耳、咽及上颌痒，以及出现哮喘、皮炎、荨麻疹，或服用花粉后出现腹痛、皮疹、尿糖升高等，这些症状在季节过后或停用花粉后会自愈。

民间小经验：在日常生活中，对风媒花粉过敏的人，食用蜜蜂采集的蜂花粉并不表现出过敏症状，而食用蜂粮的人几乎没有人过敏。因此，对蜂花粉过敏的人，可以选择蜂粮。也

图4-25　花粉过敏（引自 www.easy-pr.de）

可以在开始时少量使用，再逐渐增加至常用量。

20. 哪些人适合食用蜂花粉？

体质差的儿童、所有成年人都可食用蜂花粉。对肝病、高脂血症、动脉硬化、贫血、便秘、癌症、营养不良、疲劳综合征、精神病症、内分泌失调、更年期综合征、前列腺疾病和男性不育患者，尤其适合。

患缺铁性贫血的儿童，每天口服蜂花粉6克，2周后治愈率达77.4%，总有效率较高。

蜂花粉促进红细胞生成，对肾性贫血和同时并发高血压及高血

凝症者有效。

蜂花粉能改善慢性苯中毒患者的神经衰弱症状及血象，增强体质，提高劳动能力。

21. 蜂花粉美容机理是什么？

蜂花粉中含有蛋白质、氨基酸、β-胡萝卜素（在体内转变为维生素 A）、维生素 E、维生素 C、烟酸、泛酸、叶酸、甘氨酸、磷脂、核酸、SOD、酶类、硒等物质，具有营养保护皮肤、调节内分泌、清除自由基、治疗便秘和催眠的作用。无论内服和外用，都有美容功效。

每天早晚饭后各嚼食蜂花粉 10~15 克，3 个月后，对由于内分泌失调、维生素缺乏和贫血引起的黄褐斑、粉刺、雀斑、蝴蝶斑（妊娠斑）、痤疮（青春痘）、皱纹有效。如果用温开水送服蜂花粉，则有减肥抗衰的作用。

每天 3 次，每次 1 汤匙蜂花粉蜜，饭前 30 分钟食用。能治便秘，滋润肌肤，淡化面部黑斑与痤疮。

每天 1 次，每次饮用 1 剂破壁蜂花粉蜜（破壁花粉 15 克，蜂蜜 20 克，温开水 200 毫升，混合）。能促使皮肤细嫩、光泽和有弹性，减少皱纹，消除黄褐斑。

22. 如何应用蜂花粉健脑？

儿童和老人每天分别食用破壁花粉 5~10 克和 20 克，成人食用破壁花粉或不破壁花粉 20 克。

蜂花粉为脑细胞的发育和生理活动提供丰富的营养物质，促进脑细胞的生长，增强中枢神经系统和调节脑垂体的分泌功能，使大脑保持旺盛的活力（图4-26）。

试验表明，服用蜂花粉能增强记忆力，尤其是玉米花粉对老年男性记忆力有显著提高作用。

科学试验：杭州大学心理系采用"双盲法"，给青年学生服用蜂花粉磷脂，对记忆力影响进行试验，结果表明能增强记忆力。

图4-26　蜂花粉具有健脑作用

23. 如何应用蜂花粉养生？

保健　将花粉和入面粉、米粉中制成糕点、酥饼食用，具有调节肠胃、滋补抗衰和强身健体的作用。

破壁花粉20克、蜂王浆5克，加蜂蜜50克，每天1剂，分2次在饭前30分钟服用。适合体质衰弱、病后恢复者食用。

延缓衰老　食用蜂花粉，首先，刺激了下丘脑的神经元，使神经组织恢复活力，从而延缓了衰老。其次，蜂花粉可促使胸腺生长、T淋巴细胞和巨噬细胞增加，提高机体免疫功能，抵御疾病和衰老。第三，蜂花粉中含有微量元素硒、维生素E、维生素C、β-胡萝卜素、SOD等多种活性成分，这些物质抗氧化，能清除机体代谢所产生的自由基，延缓皮肤衰老和脂褐素沉积。第四，蜂花粉还通过影响机体代谢，使人强壮，其中的蛋白质、核酸也都是延缓衰老的物质。另外，还对便秘和失眠有疗效。

民间小经验：世界长寿地区高加索的百岁老人，80%以

的礼物
蜂产品养生保健大全

上长期食用蜂产品或从事养蜂。

24. 如何应用蜂花粉治疗前列腺炎？

蜂花粉中含雌二醇、促滤泡激素和黄体生成素，对前列腺增生症、前列腺炎有治疗作用。罗马尼亚的内分泌学家米哈伊雷斯库博士，使用蜂花粉治疗慢性前列腺炎 150 例，有效率达 70%。瑞典 40 岁以上的男子，大都通过食用蜂花粉预防前列腺疾病。我国生产的"前列康片"，其主要成分就是油菜蜂花粉。目前，市面上有来自不同植物的花粉片供消费者选择。

科学试验：日本学者在治疗男性科疾病中发现，蜂花粉对恢复性生活和加强性功能都有一定的效果，一些阳痿患者在服用蜂花粉后，性生活得到了改善。

前列腺疾病主要表现在尿急、尿频、排尿不畅，小便余沥，下腹酸痛，影响休息、工作和正常生活，甚至使性功能衰退，影响性生活。

图 4-27　蜂巢花粉蜜

25. 如何应用蜂花粉治疗贫血？

低血色素贫血患者每天嚼食蜂巢花粉蜜（图4-27）45克，可使精神饱满，食欲、体重增加，心情愉快；头痛、虚弱无力、头晕症状逐渐缓解。客观指征显示表皮和黏膜苍白程度减轻，血红蛋白、红细胞和血色素指数增长。

第 5 章

蜜蜂的礼物之蜂胶

我国每年生产蜂胶约 350 吨，一半出口，一半内销。蜂胶主要作为药用，具有广谱抗菌和抗氧化作用，对免疫力低下、高血脂等有确切的疗效；作为功能因子，少部分用于饮料、化妆品添加剂。蜂胶是黄酮类化合物的宝库，因其产量低价值高，被称之为"紫色金子""人类健康的保护神"。

1. 什么是蜂胶？

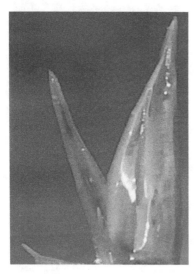

图 5-1　杨树芽分泌的胶液

蜂胶是蜜蜂从植物幼芽上采集的树脂（图 5-1），并混入蜜蜂上颚腺的分泌物、少量花粉和蜂蜡等所形成的具有芳香气味和黏性的胶状固体物质（图 5-2）。

我国常见的胶源植物有杨柳科、松科、桦木科、柏科和漆树科中的多数树种，以及桃、李、杏、栗、橡胶、桉树和向日葵等。蜜蜂还采集荆条上的胶粒，色灰暗，香气淡，成分不明，品质较差，也叫地胶。

蜂胶类似物：由人工从杨树上采集的杨树芽、杨树叶，通过压榨和乙醇提取所形成的物质，称人工杨树胶。

2. 如何生产蜂胶？

蜜蜂飞向树芽，用上颚撕裂包皮，随后喙端出现一滴液体，与树脂混合，再用上颚啃下胶粒，由前足和中足送到后足花粉篮中，反复多次，直到装满为止（图5-3）。归

图 5-2　集结成块的蜂胶

图 5-3　蜜蜂采集杨树芽胶液
　　　　（房柱 提供）

图 5-4　聚焦在尼龙纱网上的蜂胶

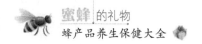

巢穴后，由其他工蜂协作将蜂胶卸下，填补蜂巢穴上方、框耳等处的孔洞和缝隙。

在夏秋季节，选择无病蜂群，将竹丝副盖式集胶器或无害尼龙纱网（图5-4）置于蜂巢上部，经过30天左右提取，生产方法和工序如图5-5所示。

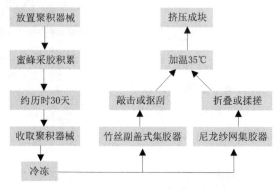

图 5-5　蜂胶生产工序

蜂胶的作用：一群蜂年采集蜂胶 100~250 克。蜜蜂用它净化家园，防止氧化，预防腐败。

3. 蜂胶有哪些成分？

蜂胶中包含 500 多种物质，其功效成分主要有黄酮类化合物、酸、醇、醛、酯、酮、酚、醚、萜、烯、甾类、萘醌类化合物和多种氨基酸、脂肪酸、酶类、维生素、微量元素等。

小资料：目前，应用于养生保健的成分主要是黄酮类化合物和萜烯类化合物，优质的蜂胶含黄酮 12% 以上，种类有 70 多种。

4. 蜂胶有哪些性质？

在常温下，蜂胶呈不透明固体，表面光滑或粗糙，折断面呈砂粒状，切面与大理石外形相似；呈黄色、棕红色、黄褐色、棕褐色或灰褐色，有时带青绿色，少数色深近似黑色；具有令人愉快的芳香、清香气味，燃烧或加热时发出类似乳香的气味。嚼之粘牙，带辛辣味。

用手捏搓或在36℃时能软化蜂胶，有黏性和可塑性，60~70℃时

图 5-6　95%乙酸蜂胶溶液

熔化成黏稠的半流体，并可分离出蜂蜡；温度低于15℃时变硬、变脆，易粉碎。

蜂胶难溶于水，部分溶于乙醇，极易溶于乙醚、丙酮、聚乙二醇、苯和2%氢氧化钠溶液中。蜂胶溶于75%~95%乙醇中呈透明的栗色（图5-6），并有颗粒沉淀；在70%~75%乙醇中可溶解60%。利用乙醇提取的蜂胶呈棕褐色（图5-7），采取二氧化碳萃取的蜂胶呈金黄色（图5-8）。

图 5-7　乙酸提取的蜂胶

图 5-8　二氧化碳萃取的蜂胶

 5. 蜂胶有哪些用途？

蜂胶的基本生物学功能是具有抗菌消炎、促进免疫功能、降低血脂、抗氧化、清除自由基和改善微循环等作用，主要用于提高免疫力、降低血脂、调节血糖、抵御疲劳、延缓衰老、改善睡眠、抵制辐射、保护肝脏、清咽润喉、祛斑美容、抑制肿瘤、加强肠道功能等，也预防血管硬化、梗死和血栓的形成。

在日常生活中，蜂胶主要用于保健养生，预防便秘、感冒、血管硬化、梗死、血栓和糖尿病并发症等。

在疾病防治中，蜂胶可用于三高病（高血压、高血脂和高血糖）、肿瘤病（如鼻咽癌）、肠胃病（如胃炎、十二指肠溃疡、肠炎）、肝脏病（乙肝、肝硬化）、便秘（老年性便秘、习惯性便秘）、腹泻、眼疾（视物模糊）、鸡眼、哮喘、失眠、免疫力低、咽炎、口臭、口腔溃疡、前列腺病、更年期综合征、带状疱疹等的辅助治疗。

6. 蜂胶有哪些用法？

直接食用　将蜂胶 2 克置于口腔中，用舌头将其抵向上颚，并来回舔食，使蜂胶成薄片状贴在上颚，慢慢溶化吞咽。

兑水饮用　将蜂胶 1 份加入 9 份 95% 的食用酒精中，制成蜂胶酊。取 10 毫升蜂胶酊，与 25 克蜂蜜和 250 克温开水混合，然后饮用。

　　蜂胶漱口水　10%蜂胶酊10毫升，与1克甘油混合，加入300毫升开水中搅拌均匀，再兑入蜂蜜30克、薄荷粉1克，充分混合，装入棕色瓶中备用。每天用此水漱口2次，每次5~10分钟。适用于口臭、口腔炎症及溃疡患者。

　　蜂胶花粉宝　用蜂胶乙醇溶液喷洒蜂花粉，风干，散去乙醇，密封包装避光保存，用于内服。

　　蜂胶制品：市面上出售的有蜂胶软胶囊、蜂胶硬胶囊、蜂胶片、蜂胶酊、蜂胶原液、蜂胶杀菌剂和蜂胶气雾剂（图5-9）等，都是蜂胶制品，方便携带和服用。

图5-9　蜂胶口腔喷雾剂

　　7. 怎样判定蜂胶的优劣？

　　我国蜂胶多为杨树型，采用尼龙纱网和竹丝副盖专门生产，外观棕黄或棕红色，有光泽和油腻感，树脂香气浓，黏性大，无杂物，辛辣味浓烈，质地致密，质量较好（图5-10）。

　　外观棕褐色、褐色和黑绿色，杂质多，香味淡或有胶包蜡现象的，都是劣质蜂胶（图5-11）。

　　民间小经验：以杨树芽为原料人工提取的杨树芽胶为假蜂胶，其色鲜黄，硬度下降（温度25℃左右软绵如泥），香气更加明显；熬制成块的，颜色褐色，坚硬而脆，断面结构一致，似琥珀状，发亮，香气较冲，黏度小，粉碎后难以黏合在一起。

图 5-10　尼龙纱网上取的蜂胶　　图 5-11　铁纱副盖上取的蜂胶

　　我国的杨树型、松树型和桦树型蜂胶中的总黄酮含量比巴西蜂胶（图 5-12）高 5% 以上，所含抗癌物质咖啡酸苯乙酯，也是巴西蜂胶中没有的，所含挥发油比巴西蜂胶低 2% 左右。

图 5-12　巴西蜂胶——颜色从深绿到褐（颜志立 摄）

🐝 8. 如何处置蜂胶过敏？

　　蜂胶中可使人致敏的物质有 3- 甲基 -2- 丁烯咖啡酸（54%）、3-甲基 -3- 丁烯咖啡酸（28%）、2- 甲基 -2- 丁烯咖啡酸（4%）、咖啡酸苯乙酯（8%）、咖啡酸（1%）、苄基咖啡酸盐（1%）及 1,1- 咖啡二甲烯丙酯。如接触蜂胶时，面、颈部出现皮肤充血和湿疹样皮疹、发热、瘙痒等；而吸入蜂胶粉末、气雾剂等，出现鼻痒、打喷嚏、鼻黏膜充血水肿、灼热、头痛，有的全身低热，即为过敏。

蜂胶过敏一般从傍晚开始，一旦发生蜂胶过敏，应先清除肢体上的蜂胶，持续 12 小时左右症状消失。或者口服马来酸氯苯那敏（扑尔敏），严重者应到医院进行救治。

民间小经验：对蜂毒过敏的人，往往对蜂胶也过敏，过敏者应避免接触蜂胶。

9. 怎样加工蜂胶蜜丸？

蜂胶 1 份，冷冻、粉碎；玉米面或荞麦面 2 份或 5 份。将上述原料混合，置于 30~40℃的条件下，制成 3 克或 6 克的丸粒。蜡纸包裹，阴凉处保存。每天食用 1~2 粒。

亦可加入少量蜂蜜，以植物油做润滑剂，制作蜂胶蜜丸（图 5-13）。

民间小经验：直接食用或加工食用的蜂胶，须是用竹丝副盖或无毒尼龙纱网生产的优质蜂胶。

图 5-13 蜂胶大蜜丸

🐝 10．食用蜂胶有禁忌吗？

从蜂箱中的覆布、铁纱副盖、箱沿等处搜刮的蜂胶须经过加工处理，除掉被污染的铅、残留的农药和杂质，才能应用。

婴幼儿和孕妇及过敏的人不宜食用蜂胶。

成人口服蜂胶，每天以 2 克左右为宜。

如果以保健为目的，平均每天以 0.5 克蜂胶为上限，每天食用或隔日一次。

民间小经验：采用尼龙纱和竹丝副盖专门生产的蜂胶（图 5-14），可以直接食用，还可用 75%~95% 的乙醇提取后食用。

图 5-14　蜂胶

🐝 11．怎样利用蜂胶养生？

蜂胶粉 5% 与蜂蜜 95% 充分混合，置于棕色瓶子中备用（图 5-15）。每天 10 克，口服或加水饮用。坚持食用，可延缓衰老，预防疾病。

每天含服蜂胶糖（图5-16）2~3块。

图5-15　蜂胶蜜（引自 www.takitaro.com）

科学与经验：蜂胶既能增强机体体液免疫，又能提高细胞免疫力，促进抗体产生和巨噬细胞吞噬能力、杀伤变异细胞的活性。人到中老年时，服用蜂胶，强化免疫功能，是抵抗疾病、保持健康的有效方法。

图5-16　将蜂胶制成粒，方便食用

人的衰老诱因之一是氧化作用。蜂胶中的黄酮类物质、萜烯类物质及维生素E、维生素C、维生素A和微量元素硒、锌等都具有抗氧化作用，可以延缓老化、防止突变和色素形成，排除体内毒素，从而起到润肤美容、消除疲劳和延缓衰老的作用。

蜂胶对前列腺病有效，缓解夜尿频繁、排尿困难等症状。同时，蜂胶中的功效物质能调节人体的内分泌，使更年期症状减轻或消失，改善性功能，对男女有同样效果。

12. 免疫力低人群怎么服用蜂胶？

蜂四宝膏　精选茶花蜂花粉或杏花蜂花粉 2 千克,蜂蜜 5 千克,蜂王浆 0.5 千克,蜂胶粉 100 克或 10% 蜂胶酊 1 千克。先将花粉加入蜂蜜,搅拌均匀,再加入蜂王浆和蜂胶,充分搅拌混合,置于冰箱中冷藏备用。每天口服 50~70 克,提高免疫力,增强体质。

另外,还可以将蜂胶粉、蜂王浆冻干粉和破壁蜂花粉制成片剂,使用起来更加方便。

蜂胶王浆冲剂　蜂王浆 1.5 份,加蜂蜜 8 份,用搅拌器 3000 转 / 分钟搅拌 30 分钟,加入纯蜂胶 0.5 份（10% 蜂胶酊折算）,再搅拌 15 分钟,装入棕色瓶子中备用。使用时,取 20 克,兑温开水 200 克饮用,每日 1~2 次,坚持 1 个月对疲劳综合征、体弱多病有效。

淫 - 蜂免疫增强剂　淫羊藿黄酮 1%、蜂胶 10%,溶解于 70% 乙醇中,定容至 100 毫升。每天取 10 毫升,用 10% 的蜂蜜水调配饮用。具有增强免疫、补肾壮阳和祛风除湿作用,主治阳痿、尿频,以及腰膝无力和肢体麻木。

蜂胶酒　蜂胶粉 100 克,与 500 毫升乙醇混合,每 8 小时搅拌 1 次,浸提 72 小时,静置 24 小时,取上清液,重复 1 次到 2 次,上清液合并、过滤。用低度白酒定容至 5000 毫升。每天早晚饮用 5~20 毫升,可提高免疫力。

13. "三高"患者怎么服用蜂胶？

口服　每人每天食用 2 克蜂胶或蜂胶软胶囊 8 粒,疗程以 3 个月为宜。

蜂胶醋乳液　称取提纯蜂胶 100 克,置于冰箱中冷冻 2 小时,

然后研成粉末（图 5-17），
同 75% 的乙醇 400 毫升置
于瓶内，再加入 100 毫升
蜂蜜醋或食醋，搅拌均匀，
静置 24 小时，除去絮状物
后，装入棕色玻璃瓶中备
用。食用时，取蜂胶醋液
10 毫升，加入 200 毫升

图 5-17　蜂胶粉（缪晓青 摄）

1 ∶ 9 的蜂蜜水溶液中，在临睡前饮用，防治高血脂和高血压。

　　科学与经验：蜂胶中富含黄酮类物质，有很强的抗氧化
能力，高血脂和高血压患者食用蜂胶，可改善微循环，软化
血管，防止血管硬化，降低甘油三酯、血浆黏度和胆固醇。

14. 血管硬化患者如何食用蜂胶？

图 5-18　蜂胶软胶囊

　　每天服用 2 克蜂胶，或
9 粒蜂胶软胶囊（图 5-18），
分 3 次服用，连服 2~3 个月。
也可以将蜂胶粉装入胶囊中
服用，方便实惠。

　　动脉粥样硬化能造成高
血压、冠心病、血栓、心肌
梗死和脑出血。蜂胶中富含
芦丁、槲皮素、高良姜素、
咖啡酸、α- 儿茶素等黄酮类

物质，以及萜烯类和维生素 P，具有很强的降血脂、抗氧化、软化和扩张血管、减少红细胞和血小板的聚集作用。食用蜂胶，可以降低甘油三酯，改善微循环，软化血管，防止血管硬化，在临床上，对由于动脉硬化引起的高血压、冠心病、脑血栓等心脑血管疾病患者有很好的保健作用。

15. 糖尿病患者如何食用蜂胶？

每人每天食用蜂胶 2 克，或软胶囊 9 粒左右。95% 的糖尿病患者，在服用蜂胶 2 个月后取得效果，并需要长期坚持服用。

科学与经验：老年人以患 II 型糖尿病为主，常伴有高血压病、高脂血症及肥胖，加上免疫功能下降，易引发各种并发症，如视力下降，以及脑、肾和血管病变，这是引起痛苦和导致伤残的原因。蜂胶中的黄酮类、萜烯类物质能促进外源性葡萄糖合成糖原，刺激和修复被损伤的胰岛 β 细胞，产生内源性胰岛素，从而降低血糖。蜂胶的降低血糖、抗菌消炎、防治感染、提高免疫力、增强 SOD 酶活性、改善微循环、软化血管和抗氧化等特性，能有效地预防视力下降等糖尿病并发症。

16. 肿瘤患者如何食用蜂胶？

肿瘤患者每天食用蜂胶 2~4 克，以含服为宜。也可口服蜂胶软胶囊或蜂胶片（图 5-19）。

提高免疫力　蜂胶中的黄酮类、多糖类、苷类、酚类、萜烯类化合物和微量元素硒等，具有强化免疫功能，抵御放疗、化疗对癌症患者引起的不良反应。

辅助治疗 蜂胶中的萜烯类、黄酮类、咖啡酸苯乙酯和苷类、多糖类等物质具有抗癌活性，尤其是二萜类、三萜类、多种倍半萜类化合物，是抗白血病、抗肿瘤的主要成分。萘醌类中的木脂素有抗肿瘤、抗病毒作用。

图 5-19　蜂胶片

17. 便秘和腹泻患者怎样用蜂胶？

直接食用 口服蜂胶软胶囊或蜂胶片，一日 3 次，每次 4 粒。或直接含服蜂胶，每日 2 次，每次 2 克。

蜂胶有很强的抗菌和消炎作用，能够防治胃炎和肠炎，消灭肠道中有害病菌，排除体内毒素，减少肠胃胀气。食用蜂胶还能调节胃肠机能，对于治疗便秘或腹泻都有效。

民间小经验： 对拉稀的雏（小）鸡，从口中喂米粒大小的蜂胶，便可治愈。

18. 怎样应用蜂胶治疗鸡眼？

用热水浸泡和剥离表层病变组织后，取比病变范围稍大的小饼状蜂胶 1 块，紧贴患处，用胶布固定，隔 6~7 天换药，再贴一次蜂胶。贴药后未除去前应避免水洗或浸湿，治愈率达 70.5%（图 5-20）。

图 5-20　蜂胶治鸡眼（李东荣 摄）

民间小经验：蜂胶治疗灰指甲。先用热水浸润患病的指甲，洗净后擦拭干净，取蜂胶 1 决，用温水泡软，捏成片状，敷在灰指甲上，贴紧，外面用橡皮膏固定，1 周换药 1 次，6~7 周为 1 个疗程，治疗期间保持患处清洁和干燥。

另外，以蜂胶为功效成分，制造香皂、洗发香波或牙膏，用于洗涤，可预防某些皮肤病和口腔疾病。

19. 怎样用蜂胶治疗皮肤病？

银屑病（牛皮癣）Ⅰ　银屑病Ⅰ是比较顽固的皮肤病，可含服蜂王浆、蜂胶蜜，外用 3% 蜂王浆软膏进行综合治疗，1~2 个月为 1 个疗程，间隔 10 天再进行下一个疗程。有效率达 88%，1~3 年可治愈。

银屑病Ⅱ　用乙醇提取蜂胶，将蜂胶液与蜂花粉混合（原料蜂胶与花粉比例为 1：4)，再晾干备用。每天口服蜂胶花粉 25 克左右，

蜂王浆蜜（1：4）25克,加水饮用。外用蜂胶香皂洗涤,再涂抹3%
蜂王浆软膏进行综合治疗。每年服药6~8个月。

带状疱疹　用棉签蘸蜂胶酊（浓度25%）涂患处,每日1次,
7天为1个疗程,疱疹即干涸痊愈。

　　民间小经验：蜂胶对某些真菌病、皲裂、湿疹、神经性
皮炎、银屑病、脱屑、湿疹、寻常痤疮、脱屑性红皮病、斑
秃和褥疮都有一定的治疗作用。

🐝 20. 其他疾病患者如何使用蜂胶？

血稠病　蜂胶素有"血管清道夫"的美誉。高黏滞血症患者,
在饭前口服30%蜂胶酊50滴,每日3次,同时服用蜂胶片,每次
3片（每片0.1克）,服药后随血液黏度的降低,自觉头脑清晰,反
应灵活,肢麻消失,体力增加。

结核病　取蜂胶10克,加到100毫升蒸馏水中,置80℃热水
中浸泡1小时,不断搅拌,过滤即成透明、肉桂色水溶蜂胶溶液。
日服3次,每次5毫升,4~10个月为1个疗程,治疗2个月停服2
个星期。

胃及十二指肠溃疡　用20%乙醇蜂胶酊剂,成人每次10毫升,
加温水至100毫升,饭前15分钟服药,1日3次,溃疡愈合率达
71.93%。

第6章

蜜蜂的礼物之蜂毒

我国有 650 多万群西方蜜蜂，每年可收获蜂毒 10 000 千克，相当于增产 18 万吨蜂蜜的产值。如将这些蜂毒制成药剂，能供给 5000 万患者使用 1 年。实际上，我国目前蜂毒年产量仅 60 千克左右，约 40 千克用于出口。在蜂毒的应用中，除了针剂外，多数患者直接用蜂蜇治疗。

1. 什么是蜂毒？

蜂毒是工蜂毒腺及其副腺分泌出来的具有芳香气味的一种透明毒液，平常贮存在毒囊中，蜜蜂受到刺激时才由螫针排出（图 6-1）。

1 只工蜂 1 次排毒量约含干蜂毒 0.085 毫克，毒液排出后不再补充。目前，利用电取蜂毒的方法，每群每次约有 2000~2500 只蜜蜂排毒，可得到干蜂毒（图 6-2）0.15~0.22 克，即采集 100 群蜂才可得到干蜂毒 15~22 克。

图 6-1　蜜蜂螫针排出的毒液

科学与经验：雄蜂无螫刺和毒腺，不能产生蜂毒；蜂王的毒液约是工蜂的3倍，但只在两王拼斗时它才伸出螫针射毒，又因其个体数量少，而无实际生产价值。

图 6-2 蜂毒（周传鹏 摄）

2. 怎样生产蜂毒？

采集蜂毒有乙醚麻醉、电击等方法，目前，主要采取电击取毒，在生产过程中，有利于提高产品质量和保护蜜蜂。其方法是将具有电栅的采毒器械置于蜂箱副盖位置，或通过巢门插入箱底，接通电源，蜜蜂受到间歇电流刺激时，就伸出螫刺向采毒板攻击，并招引其他伙伴向采毒板聚集排毒（图6-3）。通电10分钟，断开电源，待蜜蜂安静后，取回采毒器，刮下晶体蜂毒。

图 6-3 巢门取毒（缪晓青 摄）

科学与经验：蜜蜂排出的蜂毒为液体，在常温下很快干燥成骨胶状的透明晶体——干蜂毒，干蜂毒只相当于原液体蜂毒重量的 30%~40%。

在电击取蜂毒的过程中，组成蜜蜂毒液的副腺所产生的乙酸乙戊酯等 13 种挥发性物质散失。

3. 如何保存蜂毒？

图 6-4　蜂毒的包装

无论是粗蜂毒还是精制的蜂毒，都须经干燥后及时密封避光贮藏。生产的蜂毒，使用硅胶将其干燥至恒重后，再放入棕色小玻璃瓶中密封保存，或置于无毒塑料袋中密封，外套牛皮纸袋（图 6-4）。

根据包装的大小，每瓶或袋定量净重 10 克、50 克或 100 克。包装外标明名称、净重、蜂种、产地、生产和经营单位及包装日期等。干燥的蜂毒一般可在室温下置于干燥器中保存，或低温冷藏。

民间小经验：硅胶干燥蜂毒的方法：在干燥器内放入干燥的硅胶，然后将装有蜂毒的大口容器置于干燥器中，密封干燥器，经过 2~3 天时间，蜂毒就会得到充分干燥。

4. 蜂毒有哪些种类？

蜂毒目前还没有统一的分类方法。根据实践经验，在大类上，可将蜂毒分为中蜂毒和意蜂毒等。另外，胡蜂科的胡蜂也有蜂毒，但与蜜蜂毒有区别。

5. 蜂毒有哪些成分？

蜂毒是一种成分复杂的混合物，其中液体蜂毒含水分 80%~88%，干物质中蛋白质类占 70%~80%，灰分 3.7%，干物质中含有钾、钠、镁、铜、钙、硫、磷、氯等离子及蛋白质多肽类、酶类、生物胺、胆碱、甘油、磷酸、蚁酸、脂肪酸、脂类、碳水化合物和 19 种游离氨基酸。

蜂毒的活性成分包括：肽类物质有蜂毒肽、原蜂毒肽、赛卡品、蜂毒肽 F、蜂毒明肽、托肽品、MCD- 多肽、安度拉平、心脏肽、含组织胺肽，酶类有透明质酸酶、磷脂酶 A2、酶抑制剂、酸性磷酸酯酶、碱性磷酸酯酶、C4 和 C6 脂肪酶等，非肽类物质有组织胺、儿茶酚胺类、腐胺、精胺、精脒、氨基酸，其他化合物有乙酰胆碱、甘油、磷酸、蚁酸、变应原 A 和 C。

科学与经验：在生产蜂毒和干燥过程中，副腺产生的乙酸乙戊酯等 13 种挥发性物质被蒸发散失，一般在述及蜂毒的化学成分时被忽略。它们是正丁基乙酸酯、异戊基乙酸酯、异戊醇、正己基乙酸酯、X1（乙酸酯）、X2（乙酸酯）、壬醇 -2、正辛基乙酸酯、正癸基乙酸酯、苯甲基乙酸酯、苯甲醇、十九烯基正十七烯烃、正二十一烷烃等。

6. 蜂毒有哪些特性？

液态（全）蜂毒是具有芳香气味的无色或微黄色透明液体，味

苦，呈酸性（pH 为 5.0~5.5），相对密度 1.1313，在空气中很快被干燥至原来液体蜂毒重量的 30%~40%。蜂毒溶液容易感染细菌和变质，在 100℃下经过 15 分钟成分被破坏，至 150℃毒性完全丧失。

蜂毒干燥后呈松散的晶片状或针状（图 6-5）；米黄色、乳白色、浅褐色，色泽一致；具有蜂毒特有的刺鼻芳香味、略带腥味，有明显苦味，回味略鲜。干燥蜂毒性质稳定，在 100℃长达 10 天的时间内仍不失其生物活性，冰冻也不减其作用，在密闭干燥的条件下，能保持活性数年。

图 6-5 呈晶体状的蜂毒（周传鹏 摄）

蜂毒易溶于水、甘油和酸，不溶于乙醇。蜂毒可被消化酶和氧化物破坏，在胃肠消化酶的作用下，很快失去活性；氧化剂如高锰酸钾、氯和溴能迅速破坏它；醇能降低其活性，碱与蜂毒有强烈的中和作用，苦味酸、酪酸、苯酚及某些防腐剂、所有生物碱沉淀剂也都能与蜂毒发生反应。

7. 蜂毒有哪些作用？

蜂毒属于神经毒素和血液毒素，具有显著的亲神经特性和溶血等作用。

蜂毒的成分复杂，决定了它具有广泛的生物学作用，使其所作用的动物产生综合反应。比如，亲神经性、降血压和调心律作用、溶血抗凝和降低血浆黏度作用、免疫抗炎镇痛和抵御风湿作用、抗辐射作用、致敏致痛和安抚精神作用，以及影响人体微循环和免疫机能等。

> **科学与经验**：蜂毒的抗关节炎作用是氢化可的松的100倍。西欧查理曼帝国创始人查理曼大帝（742~814年）和俄国沙皇伊凡四世（1530~1584年）都曾用蜂蜇治好了他们的痛风性关节炎。1912年奥地利医生R.Tertsch报道，666例风湿热患者经蜂毒治疗，痊愈544人，有效99人。
>
> 蜂毒预防辐射损伤的功效大于治疗效果，皮内注射蜂毒的效果胜过腹腔注射。

8. 蜂毒有哪些用途？

科学研究和医学临床表明，蜂毒是优良的天然药材宝库，具有降血压、抗凝血、抗炎症、抗病毒、调节免疫、防护辐射、抑制肿瘤等用途，对十大类百余种疾病都有较好的治疗或辅助治疗作用，目前主要应用于风湿性和类风湿性关节炎等运动系统、神经炎和神经痛等神经系统、高血压等心血管系统疾病的治疗（图6-6）。

9. 蜂毒有多大威力？

小剂量蜂毒是治疗疾病的良药，但使用不当时，蜂毒所含的透明质酸酶和磷脂酶可使人致敏，发生过敏性休克，以及超量的蜂毒使人中毒直至死亡。

蜂蜇对老鼠最小致死量是12~18只蜜蜂（阿尔捷莫夫，1949），

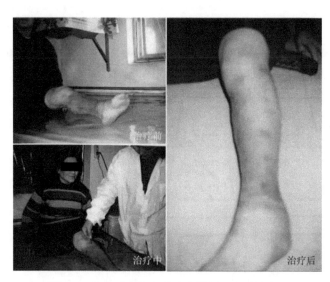

图 6-6　蜂毒对脉管炎的治疗效果（牟秀艳 摄）

蜂毒皮下注射的 LD_{50}（mg/kg），WR 系小白鼠为 3.50、ICR 系小白鼠为 1.75（Brooksetal，1972）。

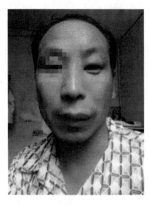

图 6-7　蜂毒引起的炎症
（李长根 摄）

蜂蜇使人致死量，对每个个体有差异。对蜂毒非过敏体质的人，被几只蜜蜂蜇伤仅出现局部反应（图 6-7），被 30 只蜜蜂蜇伤会出现超量反应，被 200 只以上蜜蜂蜇伤引起严重的中毒反应。然而，对蜂毒有免疫者（如养蜂人）能耐受 300 只蜜蜂蜇刺。通常把 500~1000 只蜜蜂注入人体的蜂毒量当做致死量，但对蜂毒高敏感的人，1 只蜜蜂蜇刺即可引起死亡。

厉害的蜂毒：据报道，2013 年湖北省油菜场地采蜜蜂群，竟将 11 头水牛蜇伤致死。

10. 蜂毒过敏怎么办？

被 1 只蜂蜇刺后产生机体功能严重紊乱时即是过敏。局部过敏反应是剧烈的红肿痛痒；全身过敏反应包括泛发荨麻疹（图6-8）、血管神经性水肿等皮肤炎症，流涕、哮喘、胸闷、气堵等

图 6-8　蜂毒引发的过敏

呼吸道症状，恶心、呕吐、腹痛、腹泻等消化道症状，以及头晕、头痛、心悸、肢麻、烦躁不安、视物模糊、面色苍白或潮红伴全身散在风团等全身症状；严重者出现过敏性休克、昏迷、大小便失禁乃至心脏停搏等。

被蜜蜂蜇伤后，先观察被蜇伤处，立即用小镊子紧贴皮表拔除螫针（应急时可用指甲将螫针刮除），再用 75% 乙醇擦洗受伤部位，并用毛巾冷敷，或局部涂碘酒、注射麻黄碱以减轻疼痛。休克患者须平卧，解开衣扣，少翻动患者，注意保温。

民间小经验：养蜂场或蜂疗诊所，常备一个专门防治蜂蜇中毒的小药箱（图6-9），内盛肾上腺素等专门药物和器械，对被蜂蜇过敏或中毒的人临时急救，可大大降低风险。

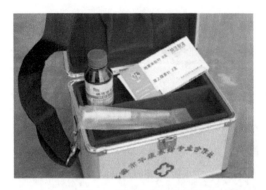

图6-9　蜂场急救小药箱

对仅有轻微胸闷或皮肤刺激性不适者，使用含有酒石酸肾上腺素的气雾剂吸入即可缓解症状。对于中毒严重或过敏休克患者，第一，立即给予1%肾上腺素0.3~0.5毫升肌肉注射，如5~10分钟后血压无回升迹象，可重复1次，直至血压回升至休克水平以上并维持稳定为止。第二，在激素治疗的同时，如出现周身皮疹、皮痒、水肿者，可给予扑尔敏（马来酸氯苯那敏）4毫克或安他乐（羟嗪）25毫克口服。用糖皮质激素治疗，可抗炎、抗过敏、减轻气道水肿，减少迟发性炎症。第三，出现憋气、哮喘、喉头水肿或音哑者，可给予异丙肾上腺素或舒喘灵（沙丁胺醇）气雾吸入，或给予喘息定（异丙肾上腺素）10毫克舌下含服，或麻黄碱25毫克口服，有条件的应给予氧气吸入。第四，进行扩容抗休克治疗。

对蜂蜇过敏或中毒患者，除采取现场急救措施外，应及时及早送往医院救治。

科学与经验：一般是从蜂蜇到过敏发作间隔时间越短，症状越重。另外，对蜂胶过敏的人，对蜂毒也可能过敏。

一般人采用肾上腺素治疗蜂毒过敏，而葡萄糖酸钙和氢化可的松较适合治疗心脏病及高血压患者的蜂毒过敏。

11. 蜂毒中毒怎么办?

蜂毒作为蜜蜂自卫的一种生物毒素,人体由其引起的一切不适反应,都应视为蜂毒中毒的表现。

当被蜂蜇刺后,会出现 1~2 分钟的短暂疼痛,继而出现皮丘和红肿,组织疏松之处尤甚(图 6-10),皮温升高 2~6℃,持续 3

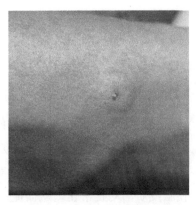

图 6-10 被蜂蜇伤的正常现象

天左右。在炎症期间,蜂蜇刺 5 小时后出现搔痒,夜晚及温暖时严重,而且越搔越痒、越肿胀。炎症消失后,部分人在蜂蜇伤处有一硬结,或有一小脓包等,这些反应皆可逆,随着时间的延续,最终消失,不留疤痕。

科学与经验:在蜂疗中,局部反应是蜂毒治疗的正常反应,无需担心和治疗,3 天后炎症会自行消失。

一个遭受数百只蜜蜂攻击的人,出现浑身热、痒难耐、分区发冷、发热,进行性恶心、呕吐、腹泻、体温升高、大量出汗、头痛、意识丧失、血压下降、心跳和脉搏加速、心前区痛,心血管功能紊乱,呼吸困难,发绀、肺水肿,溶血及血红蛋白尿等,即是严重中毒表现,常因呼吸中枢衰竭而死亡。

严重中毒患者,救治方法参考过敏患者。

科学与经验:蜂毒会在体内积累,长期超剂量使用蜂毒

应慎重,一次上百只地蜂蜇更不可取,如此将会埋下安全隐患!

🐝 12. 蜂毒能保健吗?

近几年来,阿尔茨海默症的发病逐年增多,国内外对此尚无特效药物可治。国内有人应用蜂王浆及蜂毒治疗该症 28 例,总有效率为 68%。一般认为,蜂王浆及蜂毒能抗氧化,增加脑部血液循环,改善脑部功能,蜂毒还具有调节神经、改善睡眠质量的作用,使脑皮质活动正常化,从而促进神经功能正常。

患有高血压、神经衰弱或长期接触放射线的人,建议养几群蜜蜂,经常与之接触,便能接受蜂针保健。

科学与经验:用镊子取下工蜂蜇针,挟持距蜇针端部的 1/3 处,散刺足三里、合谷、太阳、百会、外关、风池、三阴交、阳陵泉和内关等穴,隔天 1 次,或一周 2 次,每次取 3~4 穴,用蜂 3~4 只。对高血压、动脉硬化、失眠、头痛等有预防作用。

🐝 13. 蜂毒能治病吗?

蜂毒是久经考验的天然药材,其疗效卓著。蜂毒具有活血化瘀、抗菌消炎,以及刺激神经、调节内分泌等功能,临床上用于治疗疣、痤疮、白癜风、色斑、老年性痴呆、面瘫、痿症、痹症、腰椎间盘突出、麻木和指痛、瘾症、失眠、痛风、半身不遂、震颤麻痹、高血压、强直性脊柱炎、落枕、盆腔炎、腰椎间盘突出、鼻炎、中耳炎、儿童药源性(如链霉素和庆大霉素有耳毒性)耳聋、神经衰弱、阳痿、癫痫、头痛和近视(图 6-11)。

小科普：20 世纪 50 年代以来，蜂毒被广泛应用于医药和临床，以及美容和保健行业，方法也多种多样。目前，利用蜂毒的人，80% 以上利用蜜蜂蜇刺，少部分人使用蜂毒针剂、片剂、搽剂、膏剂等，还有使用电导入法的。

图 6-11　电视剧《大长今》中御医用蜂针治疗味觉障碍

14. 蜂毒治病有哪些特点？

蜂毒治病具有廉、便、验的效果和针、药、灸的作用，临床效果好，应用价值高，费用低，应用广。

辩证治疗　蜂毒治疗中的蜂蜇法和蜂针法，既有药物治疗的作用，也有针灸温热刺激的效果，而且成本低廉，取用方便，效果显著，所施法则，皆以中医针灸理论为基础，循经蜇刺，辩证治疗。

多病同治　蜂毒对血液、神经等具有多重药理作用，以及抗菌消炎显著，加上作用于腧穴的多功能性，在利用蜂毒治疗某种疾病的同时，也会兼治其他相关疾病。譬如，在利用蜂毒治疗类风湿病时，高血压、神经衰弱得到了缓解，有的甚至获得痊愈的效果。

正常反应　蜂毒治疗初期，治疗部位产生红肿，继而出现发热瘙痒，有些人还低烧、害冷，或者发生血压升高、月经紊乱等，这属正常现象，无须治疗就会逐渐好转消失。但要注意，下次治疗须待这些症状消失后再进行。治疗期间，有些人在第一周后还会出现不适反应，应坚持治疗。

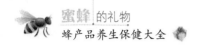

科学与经验：蜂毒是药，只有具备执业医师资格的医生才能利用蜂毒为患者治疗。利用蜂毒治疗期间，禁酒和忌讳食用螺、蚌、虾、海鲜等食物，以及其他含虫类药物或食品。

15. 蜂毒不适合哪些人群？

儿童、孕妇及老年患者慎用，精神病及对蜂毒过敏者禁用。

蜂毒不适合下列疾病的治疗：心和肺功能衰竭、肾功能障碍、严重过敏和特异性体质者、月经期、手术后、出血性疾病、冠心病，以及急性传染病、急腹症、心脏病、结核病、肝脏病、肾脏病和性病等。另外，急性传染病和有自发性出血或损伤后出血不止的患者，也不宜用蜂毒治疗。

科学与经验：蜂毒多肽没有致畸胎、致癌变作用。

16. 如何减轻蜂毒的疼痛？

选择病变部位进行蜂针治疗，疼痛轻微，疗效最好。

按摩分散疼痛。在蜂蜇（针）穴位或病变部位时，用点穴棒按压至麻木，再将蜜蜂螫刺对准穴位或按压点蜇刺，同时用食指与中指快速按摩蜇刺部位的两侧，减轻痛感。

使用蜂针散刺能够减轻刺激和减小毒量，蜂针部位避开浅表血管，防止出血（需要刺络出血者除外），用凉毛巾擦拭、冰袋冷敷针刺区可减轻疼痛。

民间小经验：利用蜂针治病，两周后加刺志室穴，对预防蜂毒过敏反应有效。

17. 阿是穴有何价值?

阿是穴是病痛局部或敏感反应点作为针灸治疗部位的临时腧穴,如斑点、色变、硬块、肿胀,或在按压时出现酸、麻、胀、痛、重等症状,没有名称和固定位置,但对病症的治疗有效。阿是穴因病产生,即当疾病发生的时候,人体的某一部分就会出现相应的气血阻滞,发生局部性、临时性聚集,从而出现阿是现象。当这种疾病解除时,阿是穴即消失。

阿是穴具有反映症候、症候集结和疾病消长的作用,作为主穴或配穴可以治疗疾病,根据阿是穴的存在或消失,以及阿是穴消失的程度来判断治疗效果。如颈项痛,阿是穴在左侧胸锁乳突肌,在此施拨揉手法,当阿是穴缓解后,颈项痛治愈;岔气呼吸疼痛,阿是穴在胁肋,施用点拨手法使疼痛、岔气消失;胃痛,阿是穴在腹部有条状反应物,按摩此部,疼痛消失,反应物软化,胃痛治愈。

民间小经验:在蜂毒治疗实践中,多数人以阿是穴作为施针部位,也收到较好效果。

18. 怎样做过敏试验?

将拔出的螫针在外关、肾俞、志室等穴位上点刺皮肤 0.5~1.0 毫米,随即拔出。20 分钟后观察,若无泛发剧烈红肿(不超过 5 厘米)、奇痒等局部反应和皮肤水肿、皮疹、胸闷、憋气、恶心、呕吐、腹痛、心悸、乏力、发热等全身反应,亦无头部颜面全部肿胀、五官变形,即可以进行蜂毒治疗。

小资料：使用蜂毒治疗前，医生须告诉患者蜂毒治疗须知，消除紧张心理；治疗时要避开人体头颈部和其他血管、神经集中的地方，对皮肤、黏膜有溃疡或感染的部位，不宜用蜂毒；饥饿或饱餐后不宜施针，惊恐、大怒、大汗不蜇刺，紧张、疲劳应休息 15 分钟后治疗，治疗 30 分钟后无全身过敏反应再离去。如此，可避免或减少过敏反应的发生。

19. 什么是蜂针治疗？

用食、拇二指夹持工蜂胸部左右两侧，或者使用镊子取下蜜蜂螫刺，并在距毒囊 1/3 处夹住，在所选部位（如穴位、经络、痛区等）有规律地刺蜇三五个甚至十几个点（图 6-12）。根据情况，有蜂针循

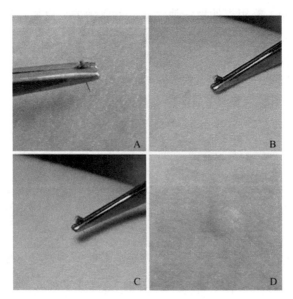

图 6-12　蜂针点刺（引自 bee-venom.net）
A. 蜂针接触皮肤；B. 蜂针扎进肌肉；C. 拔出蜂针；D. 立现皮丘

经散刺（保健和抗衰老）、穴位点刺和活蜂蜇刺（风湿和类风湿、坐骨神经痛等重病患者）、经络全息区刺（根据人体节律，按时辰取穴，因时施治）和配合毫针刺法，几种刺法酌情选用或配合使用。

科学与经验：蜂毒治疗剂量的大小，主要依患者的病情和耐受程度不同而定。通常将1只工蜂的排毒量作为1个治疗单位（0.2~0.4微升），治疗用蜂量按每次1只、2只、3只或每次2只、4只、6只蜂逐渐增加。活蜂蜇刺，局部红、肿、痒反应较严重，遇发热等全身反应则减量或维持原数量，然后再酌情逐渐增量。每次用蜂数以10只上下为宜，最多不超过25只蜂。中华蜜蜂用蜂量可稍多些。总量在400~1000只蜂。若患者被150只蜂蜇后而无显著疗效，应停止用蜂毒治疗。

蜂针疗法一般隔日1次，10~15次为1个疗程，休息5天再行第二个疗程。针刺的穴位应分组轮换，蜂针局部反应未消失的部位不重复针刺。对面神经麻痹、脑血栓形成后遗症等康复期病种、支气管哮喘、偏头痛、高血压、血栓闭塞性脉管炎等疾病缓解期的患者，每周治疗1~2次即可。

成人蜂毒注射剂量1.0~2.5毫克/天，浓度以1.0毫克/毫升为宜，不超过2毫克/毫升。穴注剂量，头面部每穴0.3毫升，胸背部每穴0.5毫升，四肢及腰背部每穴0.5~1.0毫升。患者在一般情况下，隔日注射1次；对蜂毒反应轻微或病情较重的患者，每日1次；对蜂毒反应强烈者2~3日1次。

20. 什么是活蜂蜇刺？

使用镊子或食、拇二指夹持蜜蜂头、胸部，使其腹部末端接触体表相关穴位、经络或阿是穴，蜜蜂即弯曲腹部伸出螫针刺入皮肉；然后将蜜蜂移开，置于大口水瓶之中。遗留皮肤的螫针继续向皮肤深入射毒，留针 10~30 分钟，拔掉螫针（图 6-13）。活蜂螫刺主要针对风湿病和类风湿关节炎、坐骨神经痛等患者。

图 6-13　活蜂螫刺

科学与经验：蜂针散刺，是利用镊子，将蜂针从活体蜜蜂取出，在病变部位或与疾病相关的经络皮部、穴位垂直散刺，最初 5~7 点，针不离镊，随刺随拔，最后刺入放开镊子，留针 2~3 秒，如此一个螫针可刺 10 点左右。一般 3~5 只蜂散刺 1 个区域，适合蜂毒保健。

21. 怎样利用蜂毒治疗面瘫？

面瘫俗称口眼歪斜、吊线风等。蜂针刺地仓、颊车、阳白、四白、听会、翳风、牵正、合谷。疗效与病程密切相关，病程短者疗效佳，起病半年以内者治愈率可达 75%。

22. 怎样利用蜂毒治疗痿症？

痿症是指肢体软弱无力，肌肉萎缩，活动困难，甚至运动功能丧失而成瘫痪之类的病证。痿臂蜂针刺肩髃、曲池、阳溪、合谷、足三里；痿足刺髀关、梁丘、足三里、解溪、合谷。随症配肺俞、脾俞、肝俞、肾俞、悬钟、阳陵泉。

23. 怎样利用蜂毒治疗痹症？

痹症包括痛风、风湿热、风湿性和类风湿性关节炎、神经痛等。

风湿性关节炎 中等刺激，隔日1次，治疗3~5个疗程。周身游走性关节痛取穴：中三里、外关、昆仑、合谷、后溪、环跳、命门、委中、大椎等。腕关节取穴：内关、外关、神门、阳溪、阳谷、阳池等。肘关节取穴：曲池、手三里、天井、肘髎、巨骨、曲池等。踝关节取穴：太溪、解溪、丘墟、昆仑、三阴交等。膝关节取穴：膝眼、阴陵泉、阳陵泉、足三里、梁丘、血海、鹤顶等。髋关节取穴：环跳、秩边、悬钟、阳陵泉、居髎、承扶等。脊柱关节背部取穴：大椎、陶道、身柱、大杼、风门、灵台、夹脊、阿是穴等。脊柱关节腰部取穴：肾俞、腰阳关、飞扬、志室、委中、夹脊等。

小资料：此病可搭配温泉浴、蜡疗综合治疗。

类风湿性关节炎 急性期蜂针刺曲池、大椎、足三里、三阴交，慢性期蜂针刺足三里、三阴交、脾俞、肝俞、肾俞、风池、血海、阿是穴。中等刺激，隔日1次。关节游走痛配风门、风市，痛固定不移配大杼、阳陵泉，肢酸体倦轻刺关元、膀胱俞，血虚眩晕轻刺膈俞、百会。6~8周为一疗程。

蜂针治疗痹症疗效较好，但需坚持较长期治疗，按病变部位取穴。肩部刺肩髃、肩髎、臑俞、肩贞、曲池、条口；腕部刺阳池、外关、阳溪、腕骨；掌指关节刺外关、八邪、后溪、三间、合谷；

肘部刺曲池、合谷、天井、外关、尺泽；背部刺水沟、身柱、腰阳关；髋部刺环跳、居髎、悬钟；股部刺秩边、承扶、阳陵泉；膝部刺内外膝眼、鹤顶、犊鼻、梁丘、阳陵泉、膝阳关；踝部刺申脉、照海、昆仑、丘墟、阳陵泉、解溪、悬钟；跖趾关节刺阳陵泉、太冲、公孙、束骨、八风。

行痹加膈俞、风门、血海；痛痹加肾俞、关元；着痹加足三里、阳陵泉、商丘；热痹加大椎、曲椎。

民间小经验：本病可增加温泉浴、烤电、艾灸、按摩、蜡疗等配合治疗。

24. 怎样利用蜂毒治疗痛风？

风湿热型痛风蜂针刺身柱、大椎、曲池，按疼痛部位循经取穴，如趾跖关节痛取公孙、太冲和内庭，肿痛关节处蜂针散刺。中度刺激，隔日1次。

瘀血型痛风蜂针刺脾俞、膈俞、血海，局部循经取穴和阿是穴，中度至强刺激，隔日1次。

民间小经验：血清尿酸高者，忌食肝、脑、肾、鱼子、蟹黄、豆类等食物。

25. 怎样利用蜂毒治疗痔疮？

蜂针刺大肠俞、膈俞、长强、承山、二白（经外奇穴，位于前臂屈侧，腕横纹上4寸①，两筋之间1穴，筋外桡侧1穴）。若痔核

---

① 寸为同身寸，约一横指。

脱垂于肛门外，气短懒言，食少乏力者配百会、隐白、脾俞和神阙
（脐周蜂针散刺）；兼有口渴、溲赤便秘者配次髎、会阴、商丘、上
巨墟；肛门肿痛者配秩边、束骨、攒竹；出血者配血海、三阴交。

民间小经验——龈交蜂针法：唇内正中与牙龈交界处的
系带上若有形状不同、大小不等的小滤泡及小白疙瘩，可在
此部位用蜂针点刺。龈交蜂针患者无痛苦，针后不影响饮食
和工作，对痔疮治疗效果好。

26. 怎样利用蜂毒治疗癔症？

癔症又称歇斯底里症。主穴蜂针刺人中、太冲、涌泉，中度刺
激。哭闹不止配神门、内关；视力障碍配睛明、鱼腰；失语配廉泉
或哑奇；听力障碍配听宫、听会或翳风；肢体瘫痪或感觉异常可按
患部循经取穴，或蜂针散刺患部；癔症性呕吐加刺耳穴胃点，喉中
梗死症状可选耳穴咽喉、食道散刺。

民间小经验：经常饮用蜂蜜水，有利于镇静安眠。

27. 怎样利用蜂毒治疗阳痿？

蜂毒能补肾壮阳，一般采用轻刺激。

①治则Ⅰ。主穴取肾俞、气海、关元、大敦、三阴交、阴茎
前面正中线蜂针散刺。配穴取命门，火衰加刺命门，心脾亏损加
刺神门、心俞、足三里。耳穴取外生殖器、睾丸、精宫、神门、
内分泌、皮质下、肾，蜂针散刺，酌情点刺1~2穴。背部腧穴带
蜂针散刺。

隔 1~2 天 1 次，80~100 次为 1 个疗程。

②治则Ⅱ。在阴茎前缘（龟头上）用蜂针散刺 5~10 点，每次用蜂 1~2 只，每天 1 次，10 天为 1 个疗程。取穴：关元、气海、肾俞、三阴交、太冲、中极、心俞、内关、脾俞、足三里、膀胱俞、阴陵泉、京门、太溪、复溜、中府、太渊等，每天取穴 2~3 处，用蜂 3~5 只。配合服用蜂王浆、蜂花粉和雄蜂蛹。

28. 怎样利用蜂毒治疗落枕？

穴取悬仲、风池、列缺、大椎、后溪、新设、养老、外关、肩井、阿是穴。每次取穴 2~3 处，用蜂 3~5 只。

29. 怎样利用蜂毒治疗斑秃？

蜂针取肩井、完骨、天柱、风池、肺俞、膈俞，气滞血淤配肺俞、太冲、血海、膈俞，休息不好配内关、神门、三阴交和安眠，在脱发部位用蜂针散刺，配合涂抹 10% 蜂胶酊剂，食用蜂王浆进行生长，口服蜂花粉强加营养，饮用蜂蜜调节循环。另外，还可服用何首乌、川芎、茯苓、杜仲等汤药，提高疗效。

30. 怎样利用蜂毒治疗癫痫？

风痰夹火型（大发作）蜂针刺涌泉、太冲、人中、间使、行间、内关、鸠尾、大椎、腰奇（位于尾骨尖直上 2 寸）；痰阻清窍型（小发作）刺内关、足三里、百会（或人中）。中度刺激，1~2 天 1 次。痫证痰多配丰隆，牙关紧闭刺合谷、颊车，头痛取风池、太阳，发作后刺心俞、肝俞、脾俞、肾俞。

31. 怎样利用蜂毒治疗失眠？

失眠可单症出现，也可与头痛、眩晕、心悸、健忘等症同时出现，包括神经衰弱、神经官能症等。

蜂针刺额部由左太阳穴向右太阳穴横向散刺1行；眼眶周围环状散刺；由风池沿颈项两侧到肩井，由上向下散刺1行；从前发际到后发际，以矢状线为中心线，由前到后散刺2行，行距3~4厘米，以上每针距离为2.5厘米，即刺即出，不重复。取穴位浅刺神门、内关、失眠穴、心俞、肾俞、肝俞。患者如能养3~5群蜜蜂，有助于该病的康复，同时对神经衰弱有良好的效果。

民间小经验：配合服用蜂王浆和蜂蜜效果更好。

32. 怎样利用蜂毒治疗鼻炎？

取穴：迎香、合谷、印堂、通天、列缺、水沟、厉兑、京骨、前谷、上星、风府、肺俞、太渊等。每次取穴3~4处，用蜂3~5只，每天1次，面部穴散刺，其他穴直刺（图6-14），配合咀嚼老巢脾疗效更好，或配合蜂胶酊滴鼻孔。

图6-14　蜂蜇治疗鼻炎
（引自 www.chinadaily.com.cn）

视病情长短治疗3~5个疗程。

33. 怎样利用蜂毒治疗头痛？

风寒头痛蜂针刺风府、头维和大椎，中度刺激，每天 1 次。痰湿头痛蜂针刺丰隆、阴陵泉，轻至中度刺激，隔日 1 次。肝阳头痛蜂针刺悬颅、颔厌、太溪和太冲，轻至中度刺激，隔日 1 次。气血虚头痛蜂针刺上星、百会、血海、足三里、三阴交、肝俞、脾俞、肾俞，轻刺激，隔日 1 次。

上述病症在头痛区压痛较明显处或能触及条索状物、结节处，做蜂针散刺，并按头痛部位分经取穴：前头痛配合谷、攒竹、印堂，侧头痛配外关、太阳、阳陵泉，后头痛配风池、委中，头顶痛配百会、涌泉。

34. 怎样利用蜂毒治疗近视？

气虚神伤近视蜂针刺心俞、关元、神门、睛明、承泣、攒竹、鱼腰，培补心气，轻刺激，每周 2 次。

肝肾亏虚近视蜂针刺肝俞、肾俞、光明、睛明、风池、承泣、攒竹、鱼腰，补益肝肾，轻刺激，每周 2 次。

配穴：便溏、脾阳不足者轻刺脾俞，头昏、目眩点刺百会，脾胃虚弱加足三里、三阴交，心悸、失眠配神门。

民间小经验：在蜂针治疗的同时，坚持每日做两次眼保健操，并注意用眼卫生，可提高疗效，缩短疗程。

35. 怎样利用蜂毒治疗神经衰弱？

取百会、风池、太阳、合谷、委中、神门、内关、三阴交、足三里、心俞等穴。每次取穴1~3处，用蜂3~5只，治疗2~3个疗程。

民间小经验：蜂刺同时进行适度锻炼、心理卫生教育和暗示，有利于疾病的治愈。

36. 怎样利用蜂毒治疗中耳炎？

第1天1只蜜蜂蜇刺听宫，第2天耳鸣、聋有所减轻，反应小，即可蜂针治疗。隔天1次（红肿消失），每次2只蜂，分别蜇刺听宫、耳门两穴，若耳有炎症（脓），可每天滴蜂胶液2~3次。一般3次见效，5次（10天）为1个疗程，3~4个疗程可治愈。

民间小经验：蜂针对儿童药源性（某些抗生素）耳聋、老年性耳聋亦有效。

37. 怎样利用蜂毒治疗肩周炎？

肩关节周围炎简称肩周炎。蜂蜇取穴：肩贞、曲池、天宗、手三里、合谷、太溪、肩髎、肩周围阿是穴等。

每次取3~5穴，用蜂5~10只，适应后增加到10~20只。在足三里下1寸、上巨虚上2寸处有一奇穴——中平，蜂蜇此穴对肩周炎效果显著。

38. 怎样利用蜂毒治疗高血压？

蜂针刺曲池、足三里、太冲、风池、肝俞、肾俞、太溪、百会。中度刺激，1~2天1次。心悸、失眠配心俞、神门，腰酸足麻取命门、三阴交，眩晕配四神聪，耳鸣刺翳风、听会。

蜂针治疗原发性高血压疗效较好，治疗之初可配合降压药，待血压稳定后停服。停药后血压维持平稳的情况下，仍应每周 1 次蜂针治疗，坚持做 20~30 次以巩固疗效。对不同疾病引发的症状性高血压必须由医师进行病因治疗。

39. 怎样利用蜂毒治疗盆腔炎？

体内活蜂蜇刺阴道子宫穹窿部、大阴唇内黏膜区，体外蜂针关元、中极、归来、肾俞、次髎、三阴交点刺。急性盆腔炎 7 次为 1 个疗程，每日 1 次；慢性盆腔炎隔 1～2 日 1 次，10 次为 1 个疗程。

配合蜂产品：大便干燥用蜂蜜和花粉，气滞血瘀配蜂胶，气血双亏服蜂王浆、蜂胶和花粉混合物。

民间小经验——用中药灌肠：处方为红藤、败酱草、蒲公英、鸭跖草、紫花地丁。附件明显增厚加三棱、莪术、桃仁，腹痛加延胡索和香附，腹部冷痛重者加附子，血性分泌物加益母草。将上述各药煎至 100 毫升，每日 2 次保留灌肠，灌完后卧床半小时。

40. 怎样利用蜂毒治疗半身不遂？

实证蜂针刺太溪、太冲、肝俞、曲池，虚证刺三阴交、足三里、肾俞、关元。轻至中度刺激，2~3 天 1 次，每次取穴 3~5 个，用蜂 5~10 只。病上肢配肩髃、曲池、大杼、外关、合谷、手三里；病下肢配环跳、风市、阳陵泉、足三里、绝骨、太冲、阳溪、委中、解溪。口眼歪斜者，加地仓、颊车；舌强语謇者，加廉泉、哑门；痰浊加脾俞、丰隆；气滞加内关、膻中；血瘀加膈俞；头眩晕加风池、百会。

蜂针对卒风后遗症的疗效，与其症因、发病时病情轻重和后遗症时间长短有密切关系。后遗症较重，时间越长者蜂针见效越慢，一般3个月为1个疗程。点刺百会、曲鬓和在两穴连线上蜂针散刺，疗效亦佳，偏瘫发病半年之内者针刺一侧肢体穴位，发病0.5~1年蜂针刺双侧肢体穴位，发病1~3年则蜂针刺患侧肢体穴位。同时患者要坚定长期治疗的信心。

41. 怎样利用蜂毒治疗震颤麻痹？

蜂针刺百会、风府、大椎、命门、脑空、风池、肾俞、太冲、阳陵泉、合谷、足三里。中度刺激，每周2次。头晕、目眩配正营，言语不利配聚泉（舌面正中的奇穴），吞咽困难取廉泉、扶突。

研究发现，本病患者纹状体多巴胺含量显著减少，乙酰胆碱的作用相对增强而引起病状，现代医药尚无法阻止本病的自然发展。蜂毒既可使下丘脑的多巴胺含量增加，又具有中枢性抗胆碱能活性。对原发性震颤麻痹来说，蜂针不失为一种有价值的疗法。

42. 怎样利用蜂毒治疗支气管哮喘？

①实证　宜肺平喘，清热化痰，轻至中度刺激，隔日一次。主穴取合谷、天突、肺俞、尺泽、列缺和丰隆。

哮喘发作期加蜂针散刺两侧手太阴肺经，前臂皮部（尺泽至鱼际）和两侧胸锁乳突肌皮面，胸脘胀闷配膻中、内关；哮喘伴发热加风门和大椎。

②虚证　调肺气、补脾肾。轻至中度刺激，隔日一次。主穴取肺俞、肾俞、太溪、孔最和脾俞。食欲缺乏配足三里，气弱轻刺关

元和气海。

民间小经验：每天咀嚼蜂胶 2 克，可提高疗效。

43. 怎样利用蜂毒治疗麻木和指痛？

主穴蜂针刺手三里、合谷、足三里、三阴交。气血虚弱者配心俞、膈俞、肝俞、膻中、气海、神门；肝阳上扰者配百会、风池、肩髃、曲池、环跳、风市、悬钟、太冲；寒湿留滞者配阿是穴；肝郁者配内关、太冲；两手麻木者配少海、外关、八邪；两足麻木者配阳陵泉、八风、然谷。亦可取华佗夹脊穴、阿是穴，蜂针散刺。对局部麻木可逐步加重刺激，点刺适应后，用活蜂蜇刺。

手指痛，用蜂蜇其近关节处，疗效佳。

44. 怎样利用蜂毒治疗腰椎间盘突出？

蜂针刺养老、昆仑、伏兔，痛麻区带蜂针散刺；腰痛配三焦俞、肾俞或痛点；大腿牵痛配殷门或承山；小腿痛配承山；足太阳型取秩边、承扶、委中、昆仑；足少阳型配环跳、阳陵泉、悬钟穴。轻至中度刺激，1~2 天 1 次，通常坚持蜂针 50 次以上可获全效。

民间小经验：腰椎间盘突出患者应睡硬板床休息，适当进行按摩及牵引矫正。

45. 怎样利用蜂毒治疗强直性脊柱炎？

脊柱两侧及正中的穴位均可选用。大椎、颈夹脊、胸夹脊、陶道、身柱、至阳、筋缩、命门、腰阳关、长强、大杼、风门、腰俞、肺俞、膏肓俞、心俞、膈俞、肝俞、脾俞、胃俞、三焦俞、肾俞、胞肓、秩边、志室、委中、阿是穴等。

　　蜂针治疗 3~5 个疗程，每个疗程 15 天，间隔 10 天左右进行下一个疗程。第一个疗程，每次取穴 3~5 处，用蜂 5~10 只；从第二个疗程起，每次用蜂 10~20 只。

第 *7* 章

蜜蜂的礼物之蜂蜡

蜂蜡是养蜂的传统产品，我国每年生产蜂蜡约 8000 吨，主要用于养蜂、医药、化工、机械等行业，也用于制造蜡烛等。蜂巢是生产蜂蜡的原料，具有多种医疗保健价值。

1. 什么是蜂蜡？

蜂蜡又叫黄蜡，是蜂群中工蜂腹部 4 对蜡腺分泌出来的一种脂肪性物质，蜜蜂用它来修筑蜂巢。蜜蜂分泌的新蜡是纯蜂蜡，修筑成巢脾育虫后则使其成分复杂化；利用人工巢础建造蜂巢所生产的蜂蜡，一般含有矿蜡。

2. 怎样生产蜂蜡？

图 7-1　野生西方蜜蜂遗弃的巢穴

把蜜蜂分泌蜡液筑造的巢脾（图 7-1）搜集起来，利用加热的方法使之熔化，再通过压榨、上浮或离心等程序，使蜡液和杂质分离，蜡液冷却凝固后，再重新熔化浇模成型，即成固体毛蜂蜡，其生产流程如图 7-2 所示。毛蜂蜡再经过加热熔化、板框过滤等工艺，最后形成蜡板或子蜡。

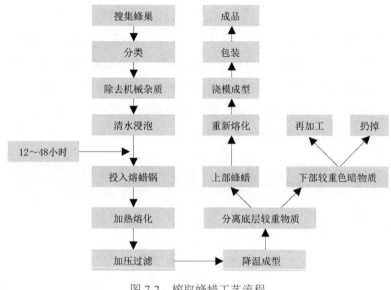

图 7-2　榨取蜂蜡工艺流程

3. 怎样保存蜂蜡？

蜂蜡是医药、化妆品和制作巢础等的原料。一般需用双层麻袋或双层聚丙烯编织袋包装，缝口整齐牢固。首先把蜂蜡进行分等分级，以 50 千克或按合同规定的重量为 1 个包装单位，用麻袋包装，标明时间、等级、净重、产地等。按不同品种、等级的蜂蜡，分别堆垛于枕木上，堆垛要整齐，每垛附账卡，注明日期、等级、数量。在通风、干燥的仓库中存放，要求卫生，无农药、化肥、老鼠，不得露天堆放，做好安全防火工作。严禁和有毒、有异味和可能产生污染的商品混存。

4. 蜂蜡有哪些种类?

按生产蜂蜡的蜂种不同可把蜂蜡分成中蜂蜡和西蜂蜡两种,另外还有少量的大蜜蜂蜂蜡、黑大蜜蜂蜂蜡、小蜜蜂蜂蜡和黑小蜜蜂蜂蜡等。按生产蜂蜡的原料可分为小脾蜡(包括蜜盖蜡、赘脾蜡、采蜡框采的蜡)和老脾蜡,前者蜡质纯净、颜色鲜艳,后者颜色深暗,且含有一定量的矿蜡等。按蜂蜡最后的形状分为蜡板(图 7-3)、子蜡(图 7-4),或者白蜂蜡、黄蜂蜡。

图 7-3　黄色蜡板　　　　　　图 7-4　白色子蜡

5. 蜂蜡有哪些成分?

蜂蜡是一种复杂的有机物混合体,因产地、蜂种、类别、加工方法等不同而各异。蜂蜡主要成分可分为 4 大类,即酯类、游离酸类、游离醇类和烃类,此外还含维生素 A、微量的挥发油及色素等。

蜂蜡可能含有芳香性有色物质、水分和矿物质。

6. 蜂蜡有哪些特性？

蜂蜡颜色有乳白、鲜黄、黄、棕、褐几种。常温下蜂蜡呈固体，具有独特的香气、可塑性和润滑性；咀嚼纯蜂蜡不粘牙，咀嚼后成白色，无油脂味；剖开蜂蜡，断面有很多微细颗粒状晶体，切面类似大理石状。低温下蜂蜡表面常有一层粉状物质，称为蜡被。61～67℃熔成液体，300℃沸腾，并可分解成二氧化碳和乙酸等物质。燃烧1千克蜂蜡可产生10 150千卡热量。蜂蜡不溶于水，微溶于冷乙醇，完全溶于氯仿、四氯化碳、乙醚、苯（30℃）、二硫化碳（30℃）、松节油等有机溶剂。

蜂蜜颜色的起因：蜜蜂蜡腺分泌的蜡液是白色的，由于花粉、育虫等原因，蜂蜡的颜色有乳白、鲜黄、黄、棕、褐几种颜色。

7. 蜂蜡有哪些作用？

蜂蜡味甘、淡，性平，归脾、胃、大肠经，能解毒、生肌、止痢、止血、定痛等效果。2000年前，《神农本草经》将蜜蜡列为医药上品，"味甘、微温，主下痢脓血，补中，续绝伤金创，益气，不饥，耐老"。

蜂蜡具有活性氨清除作用，以及绝缘、防水、防锈功能。

8. 蜂蜡有何用途和用法？

用于医药　现代中医学认为，蜂蜡味甘、淡，性平，归肺、胃、大肠经。功能有解毒、止痛，生肌润肤，止痢止血，定痛。外用治痛疽发背、溃疡不敛，诸疮糜烂、臁疮、水火烫伤；内服用于急心痛、下痢、便血、胎动腹痛下血、久泻不止、遗精白浊、白带等症；蜡灸耳道可治偏头痛。制成各种软膏、乳剂、栓剂，用来治疗溃疡、疖、烧伤和创伤等多种疾病。

制造巢础、蜡烛，机械润滑、化妆用品和化工原料 蜂蜡还用于蜡染手工业，蜡缬布在唐代已很流行，在 20 世纪 80 年代又风靡于世。现代农业可用于园林接芽。另外，蜂蜡还应用于防腐、木器上光等。

图 7-5 蜡像

蜡像文化 通过雕刻模型、倒膜、脱模三道工序，制作各类蜡像，形态逼真，栩栩如生（图 7-5）。

蜂蜡作为药物，主要外用，单独或与其他物质混合，譬如膏药、蜡疗、药蜡灸、化妆品、润滑油等；蜂蜡还可内服，多与其他物质配伍合用，比如口香糖、中药等。

　　科学与经验：蜂蜡具有较大的热容量和较小的导热性，几乎不含水分，不具有对流性质；蜂蜡具有良好的可塑性与黏滞性；能与其他物质混合（如蜂蜡 9 份＋蜂胶 1 份），这些都有利于蜂胶在医药上的应用。

🐝 9. 怎样辨别蜂蜡的真假？

颜色和表面 纯蜂蜡颜色鲜艳而无光泽（图 7-6），掺有石蜡

的蜂蜡有光泽、发亮；纯蜂蜡表
面常凸起有波纹，掺假的蜂蜡表
面平滑凹陷，无波纹；纯蜂蜡断
面结构紧密，结晶粒细，无光泽，
切面似大理石面，掺假蜂蜡断面
结构松散，结晶粒粗糙，呈现有
光泽的白色颗粒状、针状或斜
纹状。

图 7-6 黄蜡

气味和状态　将蜂蜡块敲
开，嗅其断面。纯蜂蜡散发出怡
人的香味（蜂蜜和花粉味），掺假蜂蜡有异味或气味淡。中蜂蜡比
西蜂蜡香味更浓。

观其断面，断面无异物，结构紧密，结晶粒细腻和颜色上中下
均匀一致为优质蜂蜡。

耳闻　用木棒敲击蜡块，或将蜡块从高处摔在硬地上。纯蜂蜡
声音闷（哑），掺假的则声音清脆。

咀嚼　取蜂蜡一小块，放入口中反复咀嚼。纯蜂蜡不碎、不散、
不粘牙，能咬成透明的薄片不穿孔；掺假蜂蜡易碎、易散、易粘牙，
咬成薄片时易穿孔。

手感　用拇指肚在蜡块表面推进。纯蜂蜡表面发涩，掺假的蜂
蜡表面光滑，或发黏、发腻、发软等。

用指甲在蜡块表面向前推，纯蜂蜡起不出蜡花，掺石蜡的易
刨出蜡花。用指甲掐进蜡块，纯蜂蜡粘指甲、无白印；掺石蜡的滑
溜、不粘指甲、有白印。

将小块蜡用手温软后，捻成细条，捏住蜡条的两端向外拉。纯
蜂蜡易拉断，断头整齐，将拉断的两部分重合，易捻在一起；掺石

蜡的拉时伸长，拉断后断头尖，两段重合捻不到一起，有重皮分层现象。

火烤　火烤蜡块，纯蜂蜡蜡珠滴在草纸上，珠成片、匀薄，不浸草纸，无渣滓；滴入水中成均匀的薄片，透明，手不易捻碎。而掺石蜡的，蜡珠滴在草纸上成堆；掺油的浸纸；掺淀粉的蜡珠成堆有渣滓；蜡珠滴水中凝固快，边缘薄中间厚并带尖，不透明，手捻即碎。

10. 如何判定蜂蜡的优劣？

蜂蜡的质量标准是衡量蜂蜡优劣的重要依据，《中华人民共和国行业标准——蜂蜡》（SB/T 10190-93）（表7-1）于1994年6月1日实施。

表7-1　蜂蜡分等质量表

项目		优等品	一等品	合格品
感官和组织状态	颜色	乳黄、浅黄、鲜黄（中蜂蜡一般比西蜂蜡鲜艳）	黄色	棕黄、灰黄、黄褐
	表面	无光泽、有波纹、中间一般有突起		
	气味	有蜂蜡香气味		
	组织状态	结构紧密、颗粒细腻、上下颜色一致	结构紧密、颗粒较细、下部颜色略暗	结构紧密、颗粒较粗、下部颜色较暗、但不得超过1/3
理化指标	杂质（苯不溶物）/%	≤0.3	≤1.0	≤2.0
	密度(20℃)/(g/cm³)	0.954~0.964		
	熔点/℃	62.0~67.0		
	折光率（75℃）	1.4410~1.4430		
	酸值（KOHmg/g）	中蜂蜡5.0~8.0；西蜂蜡16.0~23.0		
	碘值（Ig/100g）	8.0~13.0		
	皂化值（KOHmg/g）	75.0~110.0		

国家行业推荐标准规定，不允许对天然蜂蜡人为添加其他物质。

民间小经验： 优质的蜂蜡色泽乳黄、浅黄或鲜黄（中蜂蜡一般比西蜂蜡鲜艳），无光泽、有波纹、中间一般有突起，有蜂蜡香气味，结构紧密、颗粒细腻、上下颜色一致，杂质 ≤ 1.0%。

11. 蜂蜡能美容吗？

蜂蜡在美容方面，对肌肤主要起着滋润、营养和保湿作用。市场上出售的蜂蜡护肤品有发蜡、护手膏、面膏等。

蜂蜡养颜膜 蜂蜡 10 克加热熔化，加入鱼肝油 5 克，搅拌成膏状，再加入蜂王浆 5 克搅拌均匀，装入棕色瓶中备用。每天休息前涂在面部，并按摩片刻，起床后温水洗净。具有生肌润肤和养颜驻容效果。

12. 蜂蜡能治病吗？

蜂蜡是传统的中药材料，用于治疗以下疾病：止痛、痈疽发背、溃疡、糜烂、臁疮、水火烫伤、下痢、便血、胎动腹痛下血、遗精白浊、白带、偏头痛、扭伤和挫伤、瘢痕疙瘩、非骨性关节强直和挛缩、开放性和闭锁性骨折、慢性腱鞘炎、滑液囊炎、肩关节周围炎、血管神经性头痛、高血压病、疖、痈、皮肤硬化症等。

民间小经验： 内服，将蜡熔化，附着在其他固体食物上服用，5~10g；或入丸剂。外用适量，熔化调敷。

🐝 13. 什么是蜡疗？

蜡疗是利用加热熔解的蜂蜡作为温热的介质，涂布或热敷于局部（图7-7），或将疾患部位浸入蜡液中，将热能传至机体，并通过局部润泽和机械压迫，将有效成分导入机体，达到治疗目的。其机理是温热作用、机械作用、功能物质药效作用等。

蜡疗操作简单，效果明显，无痛苦及不良反应；还有活血、抗炎、祛风除湿的多重功效。与内服药配合，对一些疾病可达到标本兼治的效果。

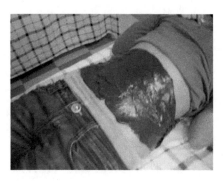

图 7-7　蜡疗

蜡疗的种类：蜡疗方法有蜡盘法、刷蜡法、蜡浴法、蜡布法、蜡带法、浇蜡法、黄蜡灸法、蜂胶蜡疗法（蜂胶1份+蜂蜡9份，共同作为治疗材料）等多种形式。

🐝 14. 蜡疗有禁忌吗？

临床试验表明，蜂蜡不适合下列疾病的治疗：虚热、高热、急性化脓性炎症、厌气菌感染、恶性肿瘤、活动性肺结核、有出血倾向的疾病、脑动脉硬化、心功能衰竭、温热感觉障碍，1岁以下的婴儿也禁用蜂蜡治疗。

到目前为止，还未见有蜂蜡中毒的报道。根据实践经验，蜂蜡有可能被污染，如脾蜡中的石蜡（用含有石蜡的巢础造的脾）等外源物，这些外源物有可能对使用对象产生毒副作用。另外，脾蜡还可能受到兽药的污染。

外用蜂蜡，如膏药、蜡疗（热敷），只要在生产、使用过程中注意卫生、清洁和消毒，按照要求进行操作，蜂蜡对人是安全的。

内服蜂蜡，无论是原料还是成品，必须纯净卫生，即原料为小脾蜡（赘脾）、生产王浆时的房壁蜡，或者是无巢础中蜂蜡、野生蜂群的蜂巢蜡。蜂蜡用于内服，每次可服 5~10 克。湿热痢初起者忌服。

民间小经验：在蜂蜡生产和药物加工过程中，剔除不符合要求的原料，不与铁、铜、锌等器皿接触；养蜂场提取蜂蜡，不得添加任何添加剂使蜂蜡色泽改变。每一道工序也必须做到卫生清洁，否则，将埋下安全隐患。

15. 蜡疗适应哪些病？

蜡疗适合肌肉、韧带、肌腱的扭挫伤，手术后粘连、瘢痕、烧伤、冻伤后遗症、腱鞘炎、滑囊炎、神经痛、肌炎、胃肠炎、各种关节炎、慢性胃肠炎、胃及十二指肠溃疡，以及长期伏案工作引起的颈肩腰腿疲劳疼痛、皮肤粗糙、精神萎靡等慢性疲劳综合征等。

16. 什么是蜡灸？

蜡灸是将黄蜡或白蜡烤热熔化，用于熏烤（相关穴位）治病的方法，具有温经散寒、舒筋活血、消肿止痛的作用。此法最早载于《肘后备急方》治狂犬咬伤"火灸蜡以灌疮中"的黄蜡灸，历代不少医著亦有记载，清朝吴亦鼎著《神灸经纶》使灸趋于完善，一直沿用至今。现在，于蜂蜡中敷药（又称药蜡灸），利用蜡灸热力的

理化作用，使药物透过皮肤，发挥灸治和药疗的双重作用。

17. 什么是药蜡灸？

药蜡灸是在蜂蜡中加入中药材料进行蜡灸的复合治疗方法。适合风寒湿痹、无名肿毒、痈疖及臁疮、胃脘痛、痛经等病证治疗，不适合活动性肺结核、出血倾向、急性化脓性炎症、感染性或过敏性皮肤病、皮肤癌等疾病。

18. 药蜡灸有何应用？

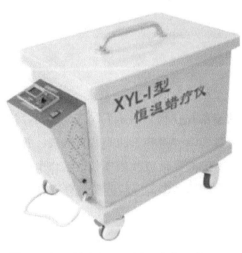

图 7-8　恒温蜡疗仪——用于蜡液、蜡饼形成

方法 1　主要使用医用石蜡、蜂蜡、中药、食醋。取医用石蜡与蜂蜡（比例为 5 : 1）及适量中药细末放入水浴锅中，加热至 70~80 ℃，使蜡熔化（图 7-8），然后倒入医用弯盘，约 2.5 厘米厚，在蜡凝固时，选择治疗部位或穴位，先以食醋涂于皮肤表面，然后取盘蜡敷贴，外加棉垫包裹保温。每次治疗半小时，每日或隔日 1 次，5~10 次为一个疗程。

方法 2　将处方中药按比例配制，烘干磨粉备用；蜂蜡若干，熔化盛于瓷盘。用时先将药末用白酒或 50% 乙醇湿润，制成药饼，敷于患处，厚 0.5 厘米；然后用塑料薄膜覆盖，再将蜡液敷抹其上至 1~2 厘米厚，保温 30 分钟，取下药饼。药饼 3 次一换。每日一次，10 次为一疗程。

民间小经验：药蜡灸配制过程中，加热时禁止蜡液中渗入水滴，预防烫伤皮肤。药蜡灸用过后要注意清洁，其方法是在灸蜡中加等量的水煮沸 30 分钟以上，使蜡中的药末溶于水中或沉淀于蜡的底层，待冷却后将溶于水中的药末去除，沉于蜡底层的药末刮掉，清洁后的蜂蜡可继续使用。

19. 痈疽发背怎样蜡疗？

内服　白矾 36 克、黄蜡 30 克、雄黄 3.6 克、琥珀（另研成粉）3 克、朱砂 3.6 克、蜂蜜 16 克。诸药研末，熔化蜂蜡、蜂蜜，离火片时，候蜡四边稍凝时，方入上药，搅匀，共成一块，以一人将药火上微烘，众手急丸，小寒豆大，用朱砂为衣，瓷罐收贮。每服二三十丸，白汤食后送下，或临睡前用蜂蜜送服。护脑护心，防毒气内攻、散血解毒。

外敷　①生地、当归、香油，煎药枯黑，去渣，加蜂蜡熔化，搅成膏状，搽患处。有拔毒止痛、生肌敛疮之功。②当归和蜂蜡各 60 克、白芷 15 克、轻粉和血竭各 12 克、紫草 6 克、甘草 36 克、香油 500 克。先将诸药研末，再将香油烧沸加入蜂蜡熔化，入药末炼成膏，涂患处。

20. 小儿腹泻怎样蜡疗？

取鸡蛋 1 枚，蜂蜡 5 克。先把鸡蛋凿个小洞，把蜂蜡压入鸡蛋内。然后用 5 层蓖麻叶包裹，置于刚燃烧过的草木灰里煨熟。每日吃蛋 1 枚，连续 3 日，能治小儿脾胃虚弱引起的腹泻。

21. 胃肠疾病怎样蜡疗？

治疗多年胃痛、腹胀、腹泻和小儿疳积。阿魏 30 克、雄黄 9 克、黄蜡 42 克。将前二味药研为细末，将蜂蜡熔化作丸，如黄豆大。日服 3 次，每次 5 丸，白开水送服。有急性胃肠炎者禁用。

22. 类风湿关节炎怎样蜡疗？

先将羌活、独活、川乌、乳香、没药、透骨草各等分研细装瓶备用，再取蜂蜡熔化，加热到 60~70℃放置白搪瓷盆内，加入上述药粉 10g，降温 50℃左右，压成 0.5~1.5 厘米厚的蜡饼，包裹阿是穴，或将蜡液分层敷铺阿是穴 1 厘米。然后在蜡饼外包裹 1 层蜡布，再加毛巾保温。每日 1 次，20 次为一个疗程，间隔 5 日再行下一个疗程。

23. 关节炎症怎样蜡疗？

患者取合适的体位，暴露出治疗部位。用白面和成面泥，搓成直径 1~2 厘米的长条，围住炎症，在中央撒上黄蜡屑或敷上黄蜡饼，厚 0.8~1.2 厘米，外围布数层，防止熏烤健康皮肤。然后用铜勺盛炭火置于蜡屑上烘烤，至蜡熔化，随化随添蜡屑，至蜡与面圈平满为度。如果在面圈内敷蜡饼，厚如铜钱，上铺艾草，点燃艾草使蜡熔化（图 7-9）。蜡熔化后停止加热，待蜡饼冷却结束，清除蜂蜡和面圈。每日或隔日 1 次。

24. 慢性荨麻疹怎样蜡疗？

取黄色蜂蜡 12 克，温开水溶化送服，每日 2 次，连服一周，都可痊愈。此为民间偏方，临床试验具有调和营卫、益气养血、祛风润燥、和血解毒功能，无不良反应。

图 7-9　艾灸蜡疗

25. 下痢和呕吐怎样蜡疗？

治赤白痢　少腹痛不可忍，后重，或面青手足俱变者：黄蜡三钱，阿胶三钱。同溶化，入黄连末五钱，搅匀，分三次热服。

老少下痢，食入即吐　白蜡方寸匕，鸡子黄一个，石蜜、苦酒、发灰、黄连末各半鸡子壳。先煎蜜、蜡、苦酒、鸡子四味，令匀，乃纳连、发，熬至可丸乃止，二日服尽。

26. 皮肤烧伤溃烂怎样蜡疗？

珍珠 10 克、黄芩 40 克、虎杖 50 克、大黄 40 克、蜈蚣 10 条、米壳 30 克、延胡索 30 克、冰片 10 克、香油 1000 克、蜂蜡 90 克、蜂胶粉 15 克。把珍珠粉、黄芩、虎杖、大黄、蜈蚣、米壳、延胡索除去杂质，置香油中浸泡 7 天左右，然后用文火加热（油温控制在 100℃）3 小时，将中药炸至内黄外焦黄色（控制火候，防止破坏药物有效成分），趁热用双层布滤除药渣。滤液常温下静置 24 小

时，再用双层纱布过滤，滤液加热至 80℃ 左右，放入蜂蜡，待蜂蜡熔化后再加入冰片、蜂胶粉，搅拌均匀，分装备用。

清洗创面后，用棉签蘸烧伤膏涂抹患处，厚度约 1 毫米，每日 4~6 次，采取暴露疗法，直至创面愈合。

27. 皮肤烫伤溃烂怎样蜡疗？

大黄 30 克、黄连 9 克、梅片 3 克、黄蜡 20 克、香油 60 克。将前两味置于香油中炸至微焦，去渣再入梅片，黄蜡熔化调制成膏，涂搽患处，每日 1~2 次。

28. 头痛怎样蜡疗？

头痛（时痛时止） 蜂蜡 90 克，薪艾适量。将蜂蜡熔化，以白纸 5 寸长、2 寸宽，将蜡液在纸上涂匀，把薪艾揉软摊在蜡上，卷成筒。将药纸筒插入耳内，一头用火点燃，烟气透脑，其痛即止。左痛插右，右痛插左，一般 2 次即愈。

> **民间小经验：**蜂疗综合治疗痛证。蜂针主穴取阿是穴，腰痛加命门、阳关、肾俞、气海俞、大肠俞，胃脘痛加中脘、建里、梁门、下脘，痛经加中极、关元等。

蜡疗 将丁香、肉桂磨成细粉，蜂蜡熔化备用。患者取舒适并便于医生操作的体位，裸露治疗局部，在选好的穴位上涂上药浆，约 5 分硬币大小、0.3 厘米厚薄。再将熔化备用的蜡液用排笔刷涂并覆盖药浆，然后反复在所选穴位刷抹蜡液，连成一片，厚约 1 厘米左右，最后将塑料薄膜、毛巾依次包在蜡饼外面，保持温度半个小时后清除药蜡。隔日 1 次，疼痛较重的可每日 1 次，10 次为一疗程。

29. 疥疮怎样蜡疗？

干湿疥疮，硫黄 15 克、斑虫 3 个、蜂蜡 30 克。先将斑虫研末（戴口罩防中毒），将蜂蜡熔化，加入硫黄、斑虫末，调成膏状，外搽患处，严禁入口。

30. 怎样利用蜂蜡治疗结石？

蜂蜡治疗胆结石及肾结石。元胡 30 克，玉金 30 克，广木香 5 克，陈皮 10 克，鸡内金 500 克，以上药物粉碎成粉状。核桃仁 500 克捣碎，家（中）蜂蜡 150 克，家（中）蜂蜜 800 克（意蜂蜡意蜂蜜也能用）。将蜂蜜加热后添加蜂蜡，全部熔化时加入以上药物，趁热搅拌均匀即可。早晚各服两小勺。

第 *8* 章

蜜蜂的礼物之蜂子

蜜蜂蛹、虫集美食和保健于一体，是重要的昆虫食品资源之一。我国饲养蜜蜂 1000 多万群，每年可获得蜂王幼虫 800 吨左右，雄蜂蛹 2.7 万吨。实际上，我国每年仅生产雄蜂蛹 30~50 吨，约有 60 吨蜂王幼虫进行交易。

1. 什么是蜂子？

蜜蜂是一种完全变态昆虫，其个体发育经过卵、虫、蛹和成虫 4 个阶段。蜂子泛指蜜蜂幼虫和蛹，即我国古代所谓的"蜜蜂子"。

2. 怎样生产蜂子？

蜂王幼虫是生产蜂王浆的副产品，即在捡虫环节，捡拾幼虫，贮存在容器中。

雄蜂幼虫和雄蜂蛹分别是雄蜂卵发育生长到第 10 天前后和第 20~22 天的虫体。生产过程包括建造雄蜂巢脾、获得日龄一致的雄蜂卵脾和

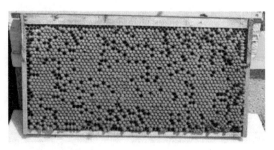

图 8-1 雄蜂蛹脾（叶振生 摄）

把雄蜂卵培育成雄蜂蛹、虫（图 8-1），然后提脾、取虫等工序。

🐝 3.怎样保存蜂子？

　　蜜蜂蛹、虫易受内、外环境的影响而变形和变质。新鲜雄蜂蛹中的酪氨酸酶易被氧化，在短时间内可使蛹体变黑，新鲜雄蜂虫和蜂王幼虫躯体逐渐变红至暗，失去商品价值。因此，蜜蜂虫、蛹生产出来后，应立即捡去割坏或不合要求的虫体，并用清水漂洗干净后妥善贮存。

　　　　民间小经验：蜂王幼虫经水或酒（精）冲洗后，其体表黏附的蜂王浆被除去，损失了蜂王浆的成分与作用，降低了营养价值。因此，勿用水冲洗蜂王幼虫。

　　低温保存　蜂王和雄蜂幼虫、蛹先用透明聚乙烯袋包装，排除空气，每袋 0.5 千克或 1 千克，密封，置于隔热的发泡塑料箱内，每箱 20 袋。并立即放入 −18℃ 的冷柜中冷冻保存（图 8-2）。

　　冷冻干燥　利用匀浆机把幼虫或蛹粉碎匀浆后过滤，经冷冻干燥后磨成细粉，密封在聚乙烯塑料袋中保存，备用。

图 8-2　雄蜂蛹的包装和保存（王磊 摄）

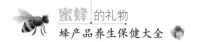

4. 蜂子有哪些种类？

目前开发利用的主要是蜂王幼虫和雄蜂蛹、虫，可直接作为食品或保健品使用，其成分和应用效果取决于虫体的新鲜度和虫龄，虫体越新鲜，虫龄越适中，活性越高，效果就越好。

图 8-3　蜂王幼虫

蜂王幼虫　蜂王幼虫是生产蜂王浆的副产品，其采收过程是取浆工序中的捡虫环节，即经过移虫、哺育、捡虫等，每生产 1 千克蜂王浆，可收获 0.2~0.3 千克蜂王幼虫（图 8-3）。

雄蜂蛹、虫　蜂群进入强盛阶段就具备了分蜂的条件，这时，蜂王在雄蜂房产未受精卵，培育雄蜂，准备分蜂。待雄蜂幼虫发育到 10 日龄（图 8-4）或

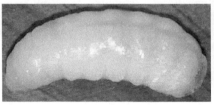

图 8-4　第 10 日龄的雄蜂幼虫

图 8-5　第 20 天的雄蜂蛹

20 日龄（图 8-5）时取出，以低温阴冷或敲击巢框的方法取出雄蜂虫、蛹，然后迅速包装，冷冻保存，或经过蒸煮、烘干，即成初级产品。

5. 蜂子有哪些成分？

蜂王幼虫　蜂王幼虫以蜂王浆为食，幼虫组织中含有丰富的蛋白质、氨基酸、多种维生素、脂肪、胆碱类、激素、酶类等，其化学成分与蜂王浆接近。平均含水 77.0% 左右、蛋白质 15.4%、脂肪 3.2%、糖原 0.4%、矿物质 3.0%。蜂王幼虫含有 18 种氨基酸，每 100 克干物质中含量达 50.035 克，人体必需的 8 种氨基酸含量达 19.715 克，另外，天冬氨酸和谷氨酸的含量分别为 5.710 克和 6.825 克，这两种氨基酸具有健脑作用。蜂王幼虫中含有维生素 A、维生素 D、维生素 B_1、维生素 B_2、维生素 C、维生素 E 等，矿物元素有钾、磷、镁、钙、钠、铝、硅、锌、铁、钼、铜、锰等。另外，蜂王幼虫还含有多种酶、激素（以保幼和蜕皮激素为主）及其他活性物质。蜂王幼虫的几丁质含量也很丰富，这些几丁质中有 60% 是几丁多糖。

雄蜂幼虫　自卵孵化后第七天，处于正封盖状态时体重最大、含水量最低、营养成分含量最高。此时，平均含水量约 73%，干物质中有蛋白质、脂类、碳水化合物、矿物质、维生素、酶类、激素及其他活性物质。

雄蜂蛹　雄蜂蛹的含水量 72.92% ～ 80.16%，干物质 19.84% ～ 27.02%，其中，蛋白质占 41.00% ～ 63.10%，脂肪占 15.71% ～ 26.14%，碳水化合物占 3.68% ～ 14.84%，以及丰富的矿物质元素、氨基酸、维生素、激素、酶类等。

科学与经验：雄蜂蛹的氨基酸总含量与蜂王幼虫相似，必需氨基酸总含量比蜂王幼虫少。

6. 蜂子有哪些特性？

蜜蜂幼虫和蛹是生物体，具有其不同发育阶段的生物体特征。

幼虫　蜂王幼虫体表带有光泽；个体多呈 C 形、蠕虫状，少数呈 O 形；体表有横环纹分节，有一个小头和 13 个分节的体躯。新取幼虫白色晶亮，随着捡出时间的延长，逐渐变成肉红色。稍有腥气，味道微甜，无不良气味。蜂王幼虫非常柔嫩，容易破碎；怕热、微生物和酶等的破坏，在 6 小时后被酶和微生物逐渐破坏而失去商品价值，尤其是受伤的幼虫，很快发酵起泡。蜂王幼虫死亡后在常温下容易腐败变质。

雄蜂幼虫呈小环形，14 节，体重约 150 毫克。其他同蜂王幼虫。

雄（工）蜂蛹　虫体完整，足齐全，具翅芽，白色（图 8-6）。无腥味等不良气味，味微甘甜，虫体较蜜蜂幼虫耐酶和微生物的破坏。

雄蜂蛹脱离蜂群后，在常温下能存活数小时，死亡后在常温下容易腐败变质，破损的虫体暴露在空气中很快变黑。

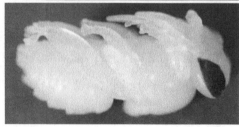

图 8-6　工蜂蛹

🐝 7. 蜂子有哪些用途？

蜜蜂子既是一种美食佳品，也具有美容、保健和治病的作用。

唐代刘恂著《岭表录撰》载："土蜂子江东人亦啖之，又有木蜂，人亦食其子，然则蜜蜂、土蜂、木蜂、黄蜂子俱可食，大抵蜂类同科，性效不相远"。又载宣歙人脱蜂子法："大蜂结房于山林间，大如巨钟，其中数百层（图8-7）。采时须以草覆蔽其体，以捍其毒螯，复以烟火熏散其蜂母，乃敢攀缘崖木，断其蒂。一房中蜂子或五六斗至一石，以盐炒暴干，寄入京洛，以为方物。"

图 8-7　胡蜂巢穴

明代著名医学家李时珍著《本草纲目》载："蜂子，即蜜蜂子头足未成时白蛹也，古人以充馔品。其蜂有三种，一种在林木或土穴中作房，为野蜂；一种人家以器收养者为家蜂，并小而微黄，蜜皆浓美……"。宋代著名医学家苏颂著《图经本草》载："今处处有之，即蜜蜂子也。在蜜脾中如蚕蛹而白色，岭南人取头足未成者油炒食之"。

现代研究表明，蜂幼虫与蜂蛹含有丰富的蛋白质、氨基酸、维生素、脂肪、矿物元素、激素、酶和多糖等，有益于改善人类的体质和促进人体健康，主要应用于保健食品和药品的开发与生产。同时，也应用于益虫和禽类的饲料。

蜂王幼虫味甘，性平，有益肾生精，补虚养阴、健脾和胃、悦颜面润泽肌肤等功效。长期食用蜂王幼虫，可去老年斑、色斑、枯发、白发，使皮肤变得更为柔润。中老年女性常服用蜂王幼虫，不但养颜美容效果好，还可以改善性功能，性功能低下的女性，可将其作为保健、护肤美容食品。如果每晚将蜂王幼虫研磨均匀，涂在脸上，有使脸部皮肤变嫩、变白的作用。实验表明，蜂王幼虫对雄性家蝇有明显延长寿命作用，对雄性小鼠有明显提高耐疲劳及皮肤抗老化作用。蜂王幼虫能提高机体非特异性免疫功能。据报道，蜂王幼虫可使小鼠腹腔巨噬细胞吞噬鸡红细胞的吞噬率和吞噬指数显著提高，促进免疫细胞的增殖和生长。蜂王幼虫中的蛋白质、氨基酸不仅能促进淋巴细胞（主要是 T 细胞、B 细胞）的增殖，而且给抗体的产生奠定了基础，同时蜂王幼虫所含的胆碱、黄酮等物质可通过对神经和内分泌系统的作用而增强免疫功能。

雄蜂幼虫和蛹的保健作用。据报道，雄蜂蛹、虫用于治疗中年人神经官能症和儿童智力发育障碍有明显效果。适用于月经异常、阳痿、身体虚弱、营养不良、疲劳综合征、内分泌失调症、婴儿和老人滋补，以及病后或术后康复，治疗脱发和白发、男子更年期障碍。

科学与经验：用蜂王幼虫冻干粉制成的"蜂王胎片"应用于肝病的辅助治疗，服用后能改善一般体征，谷丙转氨酶（GPT）下降，血象上升，血小板数、白细胞数、血色素都趋向正常。用雄蜂幼虫制成的"蜂胎灵"（Apilarnil）应用于儿童智力发育障碍的治疗，服用 10 天后，患儿记忆力增强，情绪安定，异常神志减少，服用一个月后，能认识 20～30 个单词。

8. 蜂子有哪些用法？

煎蛹　原料：鲜雄蜂蛹 250 克，精面粉、精盐、植物油适量。制作：把鲜雄蜂蛹置 10% 的盐水中煮 3~5 分钟，捞出沥干水，然后，放适量精面粉黏附其表面，用油炒至微黄即可起锅装盘（图 8-8）。

图 8-8　煎蛹

酒香嫩虫　原料：雄蜂幼虫 750 克（虫体完整），料酒、精盐、白糖、味精、胡椒粉、香油、葱、姜等适量。制作：锅内加入适量清水煮沸，加葱花、姜片煮片刻，捞出；先取出 1/3 的沸水置器皿中；再取出 1/3 的沸水于另一个器皿内，加料酒、精盐、白糖、胡椒粉调好味道。将大幼虫倒入锅内煮 2~3 分钟，使虫体发白，捞出，放到未加调料的沸水中汆一下再捞出，置于加好调料的汤汁中，用前捞出装盘，撒上葱花，淋上香油（图 8-9）。

从汤汁中捞出的幼虫或蛹，也可以重新放入锅中，用香油炒至虫体现出微黄色，装盘食用。

清蒸虫羹　原料：雄蜂幼虫 250 克，鸡蛋 2 个。料酒、精盐、味精、

图 8-9　酒香嫩虫（左下）

植物油、酱油、凉开水等适量。制作：将蛋液与经过沸水余过的幼虫以及盐、味精、料酒、凉开水置于器皿（碗）中，搅拌均匀，再置于蒸锅，旺火蒸5分钟。出锅后淋上香油、酱油即可食用。

清炒蛋虫　原料：雄蜂幼虫（或蜂王幼虫）250克，鸡蛋3个。料酒、精盐、味精、植物油、葱等适量。制作：将鸡蛋磕在器皿中，加入盐、料酒、味精少许，搅拌均匀。将幼虫置沸水中余一下（至虫变硬），捞出沥净水后，倒入器皿中，与蛋液搅拌均匀。锅内加少许油，加热至冒烟后，倒进蛋、虫浆体炒至蛋熟，撒上葱花，铲出装盘（图8-10）。

图8-10　清煎蛋虫（中间）

9. 什么样的蜂子好？

目前对蜜蜂虫、蛹没有统一的标准，其质量好坏以感官判别为主。

正常蜜蜂幼虫乳白色、虫体完整无破损、形状正常，新鲜有光泽，具有幼虫特有的腥气味，味略甘甜。

起泡、虫体变形、有酸气、腐臭和颜色变红、褐色者，均已失去价值，食之有害。

鲜雄蜂蛹要求复眼浅棕色、浅蓝色或蓝紫色，腹部乳白色或淡黄色，均匀一致；蛹体无破碎，轮廓清晰，头、胸、腹、附肢等完整无缺。3 对足已基本形成，有翅芽未分化，体表的几丁质尚未硬化（图8-11）；味略甘甜，无异味，不得有酸败腐臭味。

图 8-11　雄蜂蛹（引自 黄智勇）

盐制雄蜂蛹体基本保持完整，轮廓较清晰，口感不腻，香味纯正、无异味，无蜂螨、幼虫、死蜂和其他任何杂质。

淡干工蜂蛹体保持完整，轮廓清晰，口感稍甜，香气纯正，无异味，无其他杂质。

10. 食用蜂子安全吗？

蜂子是无毒的，蜂子的食用量因人而异。迄今为止，尚没有人因食用蜂子出现不良反应的报道。蜂子无论是食用还是外用，都是安全的。

目前，蜂子的安全问题主要存在于生产、贮藏、运输时是否卫生，蜂子是否新鲜（图8-12）。不洁的、变

图 8-12　冷冻保存蜂子

形的和有馊味的蜂子不能食用。

11. 怎样利用蜂子保健？

蜂王幼虫含有蜂王浆，药理作用类似于蜂王浆，临床证明它具有调节中枢神经系统的作用，能振奋精神，增加食欲，增强体力，益智安神，改善睡眠。此外，蜂王幼虫还含有混合激素，对人体的新陈代谢和平衡有调节作用。这些激素能刺激环状-磷酸腺苷的合成，有助于蛋白质螺旋体结构和氨基酸序列的正常化，对受肿瘤等疾病破坏的细胞结构恢复正常有一定的作用。

雄蜂蛹体液中游离氨基酸含量较高，滋味非常鲜美，是上等的营养美味食品（图 8-13）。

图 8-13　虫香蜜甜（引自 CCTV- 大蜜蜂家庭）

蜂王幼虫的保健作用　古人认为，蜂子对补益人们气血阴阳不足、增强抗病力、延缓机体衰老等都有较好的作用，即具有补益药之功效。

在临床上蜂王幼虫（或其制品冻干粉胶囊）能调节中枢神经系统，既能增进食欲，加强体力，振奋精神，又能改善睡眠，益智安神，对人体新陈代谢有调节作用。如果每晚将蜂王幼虫研磨均匀，涂在脸上，有使脸皮变嫩、变白的美容作用。另外，蜂王幼虫还有延缓衰老、提高免疫效果。

雄蜂虫、蛹的保健作用　雄蜂蛹和幼虫含有丰富的营养物质，维生素 A 的含量与鱼肝油相当，维生素 D 的含量则是鱼肝油的 10~11 倍，雄蜂蛹中还含有丰富的氨基酸，目前已确定含量的氨基酸有 17 种，每百克干蛹（22 日龄）中氨基酸总含量高达 4.88%，其中人体必需的 8 种氨基酸它全具备，这些氨基酸配比合理，极易被人体吸收利用。此外，蜂蛹中还含有酶类和激素等物质。

　　民间小经验：雄蜂蛹、虫不仅可以食用，做成美味佳肴，还具有多种保健作用。据报道，雄蜂蛹、虫用于治疗中年人神经官能症和儿童智力发育障碍有明显效果。适用于月经异常、阳痿、身体虚弱、营养不良、疲劳综合征、内分泌失调症、婴儿和老人滋补，以及病后或术后康复，治疗脱发和白发、男子更年期障碍。

12. 怎样利用蜂子美容？

　　梁代《名医别录》载："将蜂子酒渍后敷面令人悦白；蜂子能轻身益气，治心腹痛、面目黄；蜂子主丹毒、风疹、腹内瘤热，利大小便，去浮血，下汁乳，妇女带下病"。成书于 2000 年前的《神农本草经》载蜂子"味甘、平，主风头、除蛊毒、补虚羸伤中，久服令人光泽、好颜色、不老"。

　　使用方法与"8.蜂子有哪些用法？"相同，亦可使用蜂王幼虫、雄蜂幼虫和雄蜂蛹加工品。

13. 怎样利用蜂子治病？

　　现代研究表明，蜂王幼虫除对人体新陈代谢和平衡有调节作用

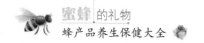

外，所含的激素通过刺激环状 - 磷酸腺苷的合成，从而对被破坏的细胞有修复作用。

在现代临床上，蜂王幼虫主要应用在白细胞减少症、癌症、神经衰弱、风湿性关节炎、风湿痛、阳痿、月经异常、营养性水肿、肝脏病、溃疡病的辅助治疗。雄蜂幼虫和蛹及其冻干粉，在临床上主要用于中年人神经官能症、儿童智力发育障碍，以及脱发和白发、男子更年期障碍、白细胞减少症。

民间小经验：把蜂王幼虫或雄蜂幼虫和白酒按比例混合后，将其磨成浆状或搅拌成乳浆体，加入适量蜂蜜调配味道，每天饮用 10 克（按蜜蜂幼虫含量计算）。

每次取速冻蜂王幼虫 5~10 克，加等量枇杷蜜吞服，早饭和午饭前及临睡前各服 1 次，10 天为 1 个疗程，连续 2~4 个疗程。患儿年龄越小，蜂王幼虫越新鲜，效果越好。

14. 什么是胡蜂子？

胡蜂是膜翅目胡蜂科昆虫，一生经过卵、幼虫、蛹和成虫 4 个阶段，成虫体大色艳。胡蜂有简单的社会组织，单个蜂后越冬，春季、夏季和秋季筑巢群居（图 8-14），蜂群中有蜂后、职蜂和专司交配的雄蜂。现在能够被人饲养，利用其幼虫和蛹，即胡蜂子（图 8-15，图 8-16）；我国长江以南地区群

图 8-14　胡蜂巢穴

众，也有酒渍成虫药用习惯，蜂巢可入中药。

图 8-15　胡蜂幼虫

图 8-16　胡蜂蛹（引自 黄国忠）

科学与经验：胡蜂捕食昆虫，也吃花蜜和水果。受到人、畜威胁，常会群蜂追击，引起受伤或死亡。

15. 胡蜂子有何特点？

胡蜂营养价值高，蛋白质和脂肪含量可达 81%，蜂蛹具有强身、益肠健胃、止痛、理气、化痰、驱虫和美容养颜等功效，还有辅助治疗糖尿病和抗癌等特殊作用。另外，相对蜜蜂子而言，胡蜂子个大、品相好（图 8-17）。

图 8-17　油炸胡蜂蛹（引自 黄国忠）

胡蜂子主要作为野味食品使用，常见于高档饭店、酒楼，南方特色小店也售卖。

参考文献

房柱.2002.当代蜂针和蜂毒疗法.太原:山西科学技术出版社.

王贻节.1994.蜜蜂产品学.北京:农业出版社.

张中印,冀彦民.2010.蜂产品养生保健100问.北京:中国农业出版社.

张中印,吴黎明.2012.养蜂配套技术手册.北京:中国农业出版社.

张中印,杨萌,姬聪慧.2014.蜂毒、蜂蜡、蜂子与人类健康.北京:中国农业出版社.

中华人民共和国国家标准·蜜蜂产品生产管理规范 GB/T21528-2008.2008.北京:中国标准出版社.